対称性を持つ身の回りのもの

①花びら4枚

②花びら4枚

③花びら5枚

④花びら5枚

⑤花びら6枚

▲▶花の多くは左右対称性だけではなく，回転してもだいたい元の花に重なる回転対称性を持っています．

対称性を持つ身の回りのもの　i

リュウキュウハグロトンボ
(収蔵:琉球大学博物館 風樹館)

◀▲蝶やトンボなどは左右対称性を持っています.

蝶・トンボ

山

▲▶地球上には対称性があふれています．

富士山

モンブラン

対称性を持つ身の回りのもの

加茂岩倉銅鐸

（所蔵：文化庁，島根県立古代出雲歴史博物館保管展示）

▲この銅鐸は形だけではなく，図柄もだいたい左右対称になっています．

伝統工芸マーイ
（収蔵：琉球大学博物館　風樹館）

手毬

◀▲このような球面上の模様も回転や折り返しなどの対称性を持ちます．

藍手毬
（出雲かんべの里
和紙てまり工房，
作者：絹川ツネノ）

対称性を持つ身の回りのもの

◀▼城や寺院，神社，塔などの建造物も対称性を持っていることが多くあります．伏見稲荷神社のように，同じものを対称性を保ちながら繰り返し配置して空間の対称性を作り出している例もあります．

伏見稲荷神社

城・神社

松江城

厳島神社の本殿

模様

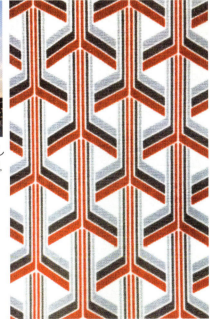

▶▲平面や円板の上の繰り返し模様, また帯状の繰り返し模様, これらも対称性として考えます.

対称性を持つ身の回りのもの

▲同じ旋律が完全4度上昇しながら，バス，テノール，アルト，ソプラノと波のように歌われていきます．

J.S.Bach 作曲「マタイ受難曲」30番アリア（アルトと合唱）の中の89小節から93小節

芸術

彫刻作品 "Louis"
Stefan Seitz 作（2013年）
142×42×45cm

◀力強い左右対称性が感じられます．

数学への招待

対称性と数学

繰り返し模様に潜む
幾何と代数

筱田健一＝著

技術評論社

はじめに

　身の回りを見回すと，対称性があるものが多いことに気が付きます．実際，トランプなどの遊具，テニスボールやサッカーボール，昆虫や葉，花々，塀や道路の敷石，さらに建造物や美術，音楽などの芸術作品，あるいは工芸品，果ては銀河から分子のレベルまで，様々な対称性に思い当たることと思います．

　この本では，これらの対称性が型によって分類でき，平面や球面上の場合の型は実はそれ程多くはないということをまず示し，次に，型の分類の背後に隠れている数学の概念である「群」について例を通して解説します．そのため図を中心に説明をする前半部と，高校数学の復習から始まる後半部に分かれています．

　前半の4章では，主に，独創的な数学者であるJohn. H. Conway (1937-) が，巻末の「おわりに」の中の文献 [C] で提唱した繰り返し模様を考える際に威力を発揮するConwayの記号を説明し，それを使って平面と球面上の繰り返し模様の対称性の分類を行っています．ただし帯模様の分類は初等的な考え方で行います．

　後半の4章では，群の話を高校数学から始めています．数学から少し離れている人，高校生で少し教科書以外のことにも挑戦しようという人を念頭に，予備知識をあまり仮定せずに論理的に筋が追えるよう書いたつもりです．

　しかし，空間の話となる第6章の3節以降，「線型代数学」の初等的な部分を使わざるを得なくなりました．第7章はCoxeter群

の話で，前半で考えた鏡映の対称性が高次元の場合にも拡張でき，分類ができるという魅力的な話題なのですが，これは結果の紹介に止まっています．

最後に，数学ではノーベル賞がなくあまり知られていないのですが，人類の大きな財産である20世紀後半から今世紀の初めにかけて得られた有限単純群の分類定理を紹介しました．

この本は実は2010年7月に上智大学で行った公開講演「数学と対称性」★がもとになっており，2012年春に本にする話をいただきました．公開講演の題は，退職が近かったこともあり，Herman Weyl (1885-1955) の「白鳥の歌」である名著 [W] を意識して選んだものです．公開講演は数学者を対象としたものではなかったので，この本のような書き方になりましたが，話の筋は同じでも，内容は大幅に増やしました．対称性を通して数学が身近な存在であることを感じ，さらに [W] をはじめ，巻末の「おわりに」で紹介をした文献や，紹介しきれていない関連図書，文献に挑戦しようという意欲を持っていただけたら望外の喜びです．

この本の作成には様々な方のご協力をいただきました．特に，幾つかの写真を提供してくれた藤本浩司さん，草稿の段階で目を通して貴重な意見をくれた五味靖さん，そして作成から編集まで様々なレベルで助力をしてくれた技術評論社の成田恭実さんに感謝いたします．成田恭実さんの忍耐力が無ければこの本は生まれなかったでしょう．

2015年 初秋　筱田健一

★ 日本数学協会主催，数学月間連携プログラムの1つ．同時に清水清孝氏の講演「物理学と対称性」も行われました．

Contents

はじめに —————————————————————————— 3

第1章 対称性 ———————————————————————— 7

- 1.1 身近な対称性 ———————————————————— 7
- 1.2 基本的な対称性 ——————————————————— 10

第2章 対称性とConwayの記号 ——————————— 15

- 2.1 円板上のパターン —————————————————— 15
- 2.2 平面の繰り返し模様とConwayの記号 ————————— 18
- 2.3 球面上のパターン，その1 ————————————— 28
- 2.4 帯模様 ——————————————————————— 35

第3章 Conwayの魔法の定理 ———————————— 38

- 3.1 Conwayの記号の値 ————————————————— 38
- 3.2 球面上のパターン，その2 ————————————— 40
- 3.3 平面の繰り返し模様 ————————————————— 48

第4章 Eulerの多面体定理とその応用 ———— 52

- 4.1 Eulerの多面体定理 ————————————————— 52
- 4.2 正多面体 —————————————————————— 54
- 4.3 軌道面のEuler標数 ————————————————— 57

第5章 群と対称性 ————————————————————— 69

- 5.1 準備 ———————————————————————— 69
- 5.2 群の定義 —————————————————————— 71

- 5.3 群の例 ... 79
  - 5.3.1 基本的な例 ... 79
  - 5.3.2 対称群と交代群 ... 82
  - 5.3.3 2重対称群 ... 88
- 5.4 正多面体の同型群 ... 89
  - 5.4.1 P_4 ... 89
  - 5.4.2 P_6 と P_8 ... 91
  - 5.4.3 P_{12} と P_{20} ... 92

第6章 合同変換と直交行列 ── 96

- 6.1 平面の合同変換 ... 96
  - 6.1.1 合同変換 ... 96
  - 6.1.2 ベクトル ... 99
  - 6.1.3 ベクトルと合同変換 ... 104
  - 6.1.4 2次直交変換 ... 108
- 6.2 空間の直交変換 ... 112
  - 6.2.1 空間の合同変換 ... 112
  - 6.2.2 空間のベクトルと直交変換 ... 113
- 6.3 $SO(3)$ の有限部分群 ... 121
- 6.4 $O(3)$ の有限部分群と Conway の魔法の定理（球面版） ... 130

第7章 Coxeter群 ── 133

- 7.1 定義と例 ... 133
- 7.2 幾何表現 ... 138
- 7.3 有限 Coxeter 群 ... 146

第8章 有限単純群の分類 ── 151

おわりに ── 158
問題略解 ── 162
索　引 ── 173

第1章 対称性

1.1 身近な対称性

身の回りを眺めると対称という性質を持っているものが多いことに気付くでしょう．例えば，少し散歩に出ると

写真1.1 （左）蝶 （右）蜻蛉

などの昆虫を見ますが，これらは左右対称性を持っています．

写真1.2 シャガ（Iris japonica）

これらの花は左右対称性だけでなく，回転しても大体元の花に重なるという性質を持っています．例えばシャガ(**写真1.2**)は120°の回転で，山吹(**巻頭**(i)**ページ**④)は72°の回転で元の花に重ねることができます．このように元に重ね合わせることができる動きを，この本では対称移動，あるいは簡単に対称性と呼ぶことにします．

自然界だけでなく，人間が作り出したものも，また対称性にあふれています．例えば，次の有名な建築物は左右対称性を意識しています．

写真1.3 (左)ノートルダム寺院 (右)ブランデンブルグ門

芸術作品では絵画は勿論のこと，音楽もまた対称性を持っていると言えます．ただし音楽の対称性は空間ではなく時間の流れの中に実現されます．例えば，太鼓を同じ間隔で打つことは空間の平行移動に相当しますし，なじみ深い「カエルの歌」では

左右対称性を持つ旋律が,半音の位置を変え3度上に移動しています.J.S.Bachなど音楽の巨匠の諸作品はハーモニイ,メロディ,リズムの複雑な対称性を縦横に駆使したものと言えるでしょう.

馴染み深い万華鏡には多くの対称性が現れます.

写真1.4 鏡映像

織物や工芸品でも対称性は顕著です.

図1.5 (左)博多織り (右)手鞠

そもそも,マクロでは地球や銀河系,逆にミクロでは分子のレベルで高い対称性があります.

写真 1.6 富士山

このように対称性は広い広がりを持つものですが，この本ではまず，平面や，球面上のこれらの対称性のパターンが，どのように，分類できるかを見て行きましょう．

1.2 基本的な対称性

トランプのカードはジョーカーを除けば次の4種類です．

図 1.1 トランプのマーク（スペード，クラブ，ダイヤ，ハート）

ハートマークの図の線の上に鏡を置き，鏡を覗くと，ハートマークが見えるはずです．

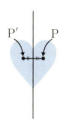 

図1.2 ハートの対称性

　このような直線を鏡映線，また左右対称とも呼んでいたこの性質を**鏡映対称**と呼ぶことにしましょう．さらに点PとP'が鏡映対称で対応しているとき，P'はPの鏡映点，あるいはPは鏡映によりP'に移る，ということにします．さて，なにも動かさない，ということも1つの対称性と考え，**恒等対称**と呼ぶことにすると，ハートマークは鏡映対称と恒等対称の2つの対称性を持っています．なにも動かさない対称性というのは違和感があるかもしれませんが，実は非常に大切な考え方で，数の0（零）が大切であるが人類の歴史ではそれに気が付くのに時間を要したということに似ています．第5章（群と対称性）で再度，このことに触れます．

　スペードやクラブもハートと同じで，それらの対称性は1つの鏡映対称と恒等対称の2つだけです．鏡映線で2つの合同な図形に分かれていることにも注意してください．

図1.3 スペード，クラブの対称性

しかし，ダイヤは2つの鏡映線を持ち，しかも180°の回転をしても元に戻ります．したがって対称性は2つの鏡映対称，180°の回転対称，恒等対称の4つで，鏡映線で折り返すと元のダイヤの1/4の図形ができて，この図形と合同な4つの図形でダイヤが復元できます．

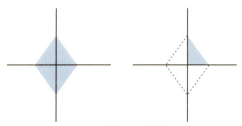

図1.4 ダイヤの対称性

この本で考える図形や模様の分類は，自分自身を自分自身に重ねる対称性の全体で行います．ですからハート，スペード，クラブは同じ対称性を持つとして同じ類となり，ダイヤが属する類とは区別されます．例えば次の家紋はダイヤと同じ対称性を持ちます．

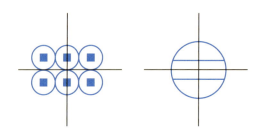

図1.5 ダイヤと同じ対称性をもつ家紋　（左）六文銭　（右）遠山家

空間でも鏡映という操作を考えることができます．点Pが鏡映により点P′に移ったとすると，PとP′を通る直線ℓは鏡映面Hと直交し，PとP′の中点Qは鏡映面上にあります．また，この性質によりP′は確定します．

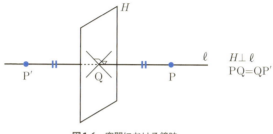

図1.6 空間における鏡映

さて平面の対称性に戻り，$y=\sin x$のグラフを考えてみましょう．

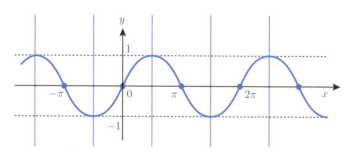

図1.7 $y=\sin x$

このグラフをグラフに重ねる対称性として，x軸方向への2πの倍数の平行移動，および直線$x=\dfrac{\pi}{2}+n\pi$（nは整数）を鏡映線とする鏡映があることは，すぐに気が付くでしょう．さらに点$(n\pi, 0)$を中心とする180°回転があります．これ以外に，例え

ば π だけ x 軸の正の方向に平行移動してから x 軸に関して折り返すという対称性があります．これを**すべり鏡映**[1]と呼びましょう．私事ですが，このグラフを初めて見たのは中学3年生の時にたまたま見ていた大学生の本の中で，何とも言えぬ強い印象を受けました．中学生の三角関数は90°までしか考えないものが正負無限大まで伸びていたということもありますが，対称性に富む美しさを感じた記憶があります．

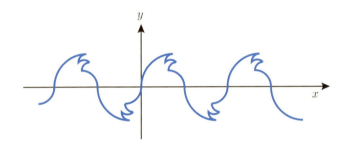

図1.8 波のような曲線

一方，上の曲線は，平行移動とすべり鏡映だけを対称性として持ち，回転や鏡映は対称性にありません．したがって $y=\sin x$ のグラフとは文様としては異なる類に分類されます．この本で考える対称性は，恒等対称，鏡映，回転，平行移動，すべり鏡映，の5種類です．

---

[1] glide reflection

第2章 対称性とConwayの記号

　この章では繰り返し模様を分類するConwayの記号を説明します（J.H.Conway, [C]）. この記号は単に模様の分類だけでなく, あとで説明する軌道面の幾何学的性質や模様の対称性全体（模様の対称の群, といいます；第5章参照）の群論的性質も記述するものです.

2.1 円板上のパターン

　円板を大きさを変えずに自分自身に重ね合わせるとき, どのような移動をしても円板の中心は動きません. したがって円板の対称性は, 回転, または中心を通る鏡映線に関する鏡映の2種類だけです.

　さて次の2つの紋章を比べてください.

図2.1　紋章　（左）三つ巴　（右）丸に方喰

左側の紋章の対称性は回転だけですが，右側の紋章には回転以外に3本の鏡映線が存在します．このとき模様の中心はどちらも回転の中心になってはいますが，その点を通る鏡映線があるかないかという大きな違いがあります．これを区別するため，[CBG]にならい，鏡映線が通らない回転の中心だけの点を**旋回点**[1]，2本以上の鏡映線が交差する点を**万華鏡点**[2]と呼ぶことにしましょう．120°, 240°, 360°(恒等対称)という3つの回転の中心である旋回点は3位の旋回点と言い**3**と表します．また3本の鏡映線が交わる万華鏡点は3位の万華鏡点といい**∗3**と表すことにします．[3] 一般にn位の旋回点，n位の万華鏡点も同様に定め，$\boldsymbol{n}, \boldsymbol{*n}$とそれぞれ表します．因みに∗は鏡映線の存在を示す記号で，第1章のハートの対称性を表す記号は，ダイヤの場合は∗**2**です．

図2.2　(左) 3位の旋回点　(右) 3位の万華鏡点

　パターンの対称性が鏡映をふくまず回転だけの時は回転の最小の角度を$2\pi/n, (n\text{は正整数})$とすると対称性の全体は角度が$2k\pi/n, (k=0, 1, 2, \cdots n-1)$の回転で，したがって総数は$n$で

1　gyration point；n位の旋回点の位置をn角形で表すことにします．
2　kaleidoscopic point
3　あとで考える繰り返し模様の記号と区別し，1点の回りの対称性であることを表すため**3**・，∗**3**・とも書きます．

す.この対称性全体をC_nと書き,**n次巡回群**といいます.

対称性で移りあう点を同じと考える考え方が大切です.**3**の場合,旋回点以外は3つの点が回転で移りあいます.**図2.3**の$120°$の扇形を考えると円板のすべての点がこの中の唯1点に移すことができます.ただし2つの半径は移りあいますので,同一視しなければいけません.すると円錐形の曲面ができます.これを単位円板のC_3による**軌道面**[4]といいます.なおC_3の場合の,頂角が$120°$の扇形のように,円錐にせずに元の円板の部分集合と考えたものをC_3の円板上の**基本領域**といいます.

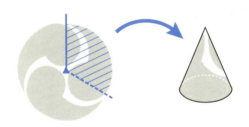

図2.3 C_3による基本領域(斜線部)と軌道面

次に鏡映を含む場合を考えましょう.鏡映線が全部でn本あるとすると,隣り合った鏡映を続けて行うと$2\pi/n$の回転になります.したがって対称性は鏡映がn,回転がnで総数は$2n$になります.この対称性を**n次二面体群**といいD_nで表します.Conwayの記号では$*n$です.

---

4 orbifold(= orbit + manifold)の2次元の場合の試訳.orbifoldの正確な定義については河野[3], p.90 参照.一般には軌道体と訳されるため,2次元の軌道体と言うべきかもしれません.

軌道面はピザの一切れのような扇形で，この場合は2つの直線部分はどの対称性でも移りあわないので同一視ができないことに注意してください．この場合の基本領域は頂角が60°の扇形になります．

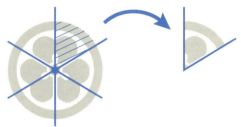

図2.4 D_3による基本領域（斜線部）と軌道面

2.2 平面の繰り返し模様とConwayの記号

ここで考える模様は2つの方向の平行移動を対称性に持つものとします．次の図では鏡映がなく，どの対称性でも移りあわない3種類の異なる旋回点があり，その周りの対称性はC_3なので，記号は**333**です．

 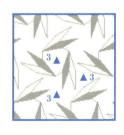

図2.5 3種類の異なる旋回点をもつ模様（**333**）

さらに旋回点だけを持つパターンを続けます．記号とパターンの対応を旋回点を探すことで確かめてください．

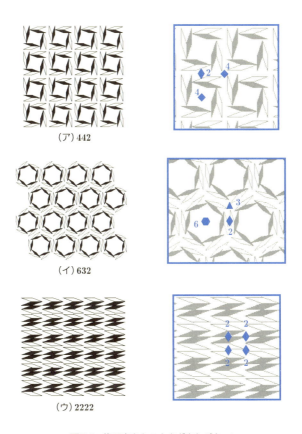

図2.6 旋回点をもつさまざまなパターン

次に鏡映を対称性に持つ場合を考えます．この場合は鏡映線で囲まれた領域が基本領域となるのでそのうちの1つに注目します．

次の模様は3方向の鏡映線で対称となり，鏡映線の交点は異なる3種類の万華鏡点となります．この場合，鏡映を表す*を1つだけ使い記号を*333とします．

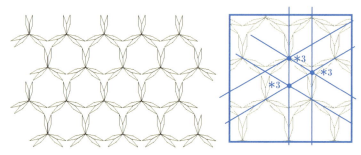

図2.7 3種類の万華鏡点をもつ模様（*333）

同様に次の2つの模様は鏡映線を書き込むと，異なる3種類の万華鏡点が現れることがわかります．

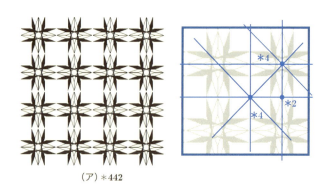

（ア）*442

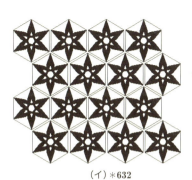
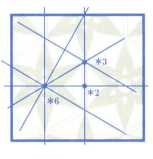

(イ) *632

図 2.8　3 種類の異なる万華鏡点をもつ模様

次の模様には異なる 4 種類の万華鏡点があります．

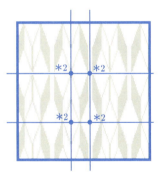

図 2.9　4 種類の異なる万華鏡点をもつ模様（*2222）

万華鏡点と旋回点が両方現れるパターンもあります．

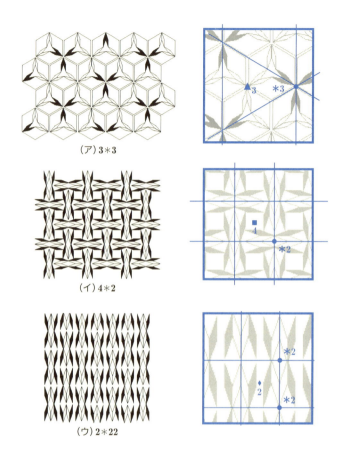

(ア) 3*3

(イ) 4*2

(ウ) 2*22

図2.10 万華鏡点と旋回点の両方が現れる模様

2種類の鏡映線,または1種類の鏡映線と2つの180°回転の旋回点というパターン:

第 2 章 対称性と Conway の記号

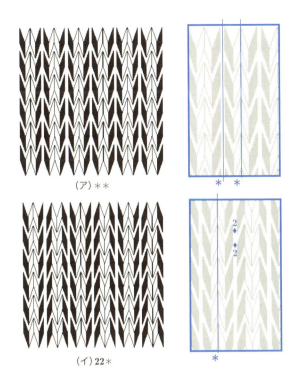

図 2.11 鏡映線と旋回点の両方が現れる模様

さて第 1 章ですべり鏡映という対称性を考えました．すべり鏡映を表す Conway の記号は × です．ただし，注意しなくてはいけないことは，すべり鏡映で対応する点が，鏡映線と交差せずに結べる場合にのみ考えるということです．例えば $180°$ の回転と鏡映があるサイン曲線では，すべり鏡映で対応する点を結ぶと必ず鏡映線と交わります．

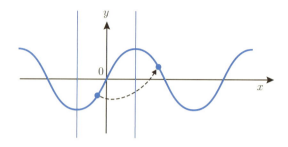

図2.12 すべり鏡映での対応点

この場合は180°回転と鏡映を続けて行えばすべり鏡映が実現されるので，旋回点や鏡映があれば敢えてすべり鏡映を記入する必要はなくなります．

次のような模様ではすべり鏡映が対称性を表すために，どうしても必要な例です．

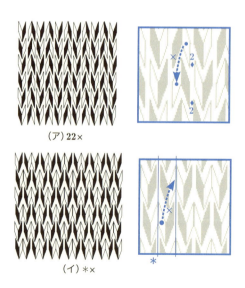

(ア) 22×

(イ) *×

(ウ) ××

図2.13 すべり鏡映している模様

最後の模様では対称性全体を表すには2つの方向のすべり鏡映が必要なため××となっています．

鏡映，すべり鏡映，回転，という対称性がなく，2つの方向の平行移動だけが対称性のときのConwayの記号は**o**です．

図2.14 平行移動のみの模様（**o**）

今まで例で説明をしてきた繰り返し模様にConwayの記号を対応させる方法をまとめると次のようになります．

1. 鏡映線を探す．なければ次のステップに．鏡映線があっても交わる鏡映線がなければ ∗ だけをその鏡映線の近くに書く．この場合，基本領域を通る対称性で移れない別の鏡映線があれば，それも ∗ とする．

   交わる鏡映線があり，万華鏡点に n 本の鏡映線が通っているとき，∗n をその点の近くに記入する．これを，対称性で移りあわないすべての万華鏡点で行う．

2. 基本領域に旋回点があり，その対称性が n 次巡回群 C_n であれば，その点の近くに **n** と書く．旋回点は鏡映線上にはない．

3. すべり鏡映で移りあう 2 つの点で，鏡映線と交わらない線で結べるものがあるとき × を記入する．

4. 以上に該当するものがなければ **o** を記入する．

以上の操作で次のデータが得られます．

- 旋回点から定まる回転の数：$\mathbf{r}_1, \mathbf{r}_2, \cdots, \mathbf{r}_k$
- シンボル：∗, ×, o
- 万華鏡点から定まる鏡映線の数：∗s_1, ∗s_2, $\cdots$, ∗s_l

なおすべてのデータは重複してもよいし，全くない種類があってもかまいません．これらをまとめて，

$$\mathbf{r}_1 \mathbf{r}_2 \cdots \mathbf{r}_k (\text{シンボル}) *, ×, \mathbf{o}, *s_1 s_2 \cdots s_l$$

と書きます．万華鏡点が複数あるときは，∗ を 1 つだけ書き他の ∗ は省略します．これが各模様に対する Conway の記号です．

少し，練習をしてみましょう．

第 2 章 対称性とConwayの記号

問題2.1 次の繰り返し模様のConwayの記号を求めよ．

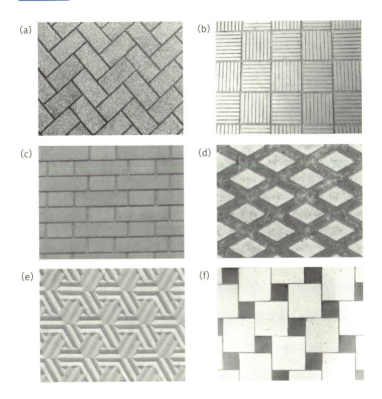

円板はもちろん，平面や球面の上の繰り返しパターンは今までに説明をした次の4つのシンボルで表すことができるのです．

- 2つの平行移動 o
- 旋回点 n（1は恒等対称）
- 万華鏡点 *n（*1は鏡映）
- すべり鏡映 ×

このことの説明は第4章の最後に回し,球面上の簡単なパターンについて次節で確かめます.実は次次節(**2.4 帯模様**)と対応しているパターンなので,**図2.18**も参考にしてください.

✦ 2.3 球面上のパターン,その1

球面を地球になぞらえて,北極点,南極点,赤道,経線,という用語を使うことにします.この場合,平行移動はなく,球の中心を通る直線の周りの回転が平行移動の役割を果たします.地球の回転を思い浮かべれば納得ができるでしょう.また鏡映も,この場合は球の中心を通る平面に関する鏡映となります.中心を通る平面と球面の交わりは円となり大円と呼ばれますが,大円を通る平面を鏡映面とする鏡映,という代わりに,簡単に,大円に関する鏡映ということにします.特に赤道も1つの大円なので,赤道に関する鏡映ともいいます.また,大円が2つの極点を通るとき,大円は反対側にある2つの経線を合わせたものになりますが,紛らわしくないときには簡単に経線に関する鏡映ということにします.

直線と平面が球の中心で直交しているとします.この平面と球面との交わりの大円を C とすると,この直線を軸とする回転と C に関する鏡映を続けて行うと,C に関するすべり鏡映[5]が得られます.

球面を球面に長さを変えずに重ね合わせる対称性は,回転(恒等対称を含む),大円に関する鏡映,大円に関するすべり鏡映,

---
5 ここでは回転移動を平行移動と考えています.回転鏡映と呼ばれることもあります.

のいずれかになります．このことは直感的には明らかでしょうが，あらためて第6章で解説します．

さてこの節ではすべての対称性が極点（北極点と南極点）を固定するか入れ替える場合を考えます．

Case 1. まず球の中心に関して対称の位置にある2つの極点が，それぞれすべての対称性で固定される場合を考えます．

この場合は円板の場合と全く同様に対称性の全体は巡回群C_nか2面体群D_nのいずれかになります．ただし2面体群の鏡映はある経線に関する鏡映です．

C_nのとき2つの極点が旋回点なのでConwayの記号は**nn**となり，D_nの場合には2つの極点が万華鏡点なので***nn**となります．

対称性の総数は**nn**のときn個，***nn**のとき$2n$個です．

Case 2. 次に，北極と南極が入れ替わる対称性をふくむ場合を考えましょう．

Case 2.1. まず赤道が鏡映線となっているとします．

Case 2.1.1 さらに経線に関する鏡映（極点を結ぶ大円に関する鏡映）をn個含むとします．[6] このとき北半球，南半球はそれぞれ鏡映線により$2n$個の領域に分かれていて，これらの領域は回転と鏡映で移りあっています．北半球から南半球に行くには，まず赤道での鏡映をして，経線に関する鏡映を繰り返せば，すべての

---

6 $n \geq 2$．$n = 1$のときは赤道上の2点が固定される万華鏡点となりcase1の*22となります．

領域が移りあえることがわかります.

　この場合の対称性の全体を考えてみましょう. D_n の場合からわかるように, まず極点の周りの n 個の回転と, 経線に関する n 個の鏡映があります. 次に経線と赤道に関する鏡映を続けて行うと, 経線と赤道の交点の周りの $180°$ の回転が得られます. これは平面上のダイヤマークで直交する2つの鏡映線に関する鏡映を続けて行うと交点の周りの $180°$ の回転となることと事情は同じです. このような赤道上の点の周りの $180°$ 回転が n 個あります. さらに回転と赤道に関する鏡映を続けて行うことにより得られるすべり鏡映が, やはり n 個あり, したがって対称性の総数は $4n$ となります.

　軌道面を考えると球面上の三角形となり, 頂点は3つの万華鏡点で, 1つの頂点である極点では n 本の鏡映線が交わり他の2頂点では2本の鏡映線が交わるので, Conwayの記号は ∗**22n** となります.

Case 2.1.2　赤道が鏡映線となっていて, どの経線も鏡映線ではない場合を考えます.

　この場合, 万華鏡点はありません. 極点は $n = 1$ の場合を含め C_n の旋回点となっています. 他に旋回点があるとすると, 極点が移りあわなければいけないので, それは赤道上の点で, $180°$ 回転の中心でなければなりません. しかし, この回転と赤道の鏡映を続けて行うと経線に関する鏡映となり, 仮定に反します. し

たがって旋回点は極点だけで，また赤道に関する鏡映で極点は移りあいますから，Conwayの記号は**n∗**になります．

1∗は単に∗です．対称性はn個の回転と1つの鏡映，および$n-1$個のすべり鏡映となり，総数は$2n$です．

Case 2.2 赤道が鏡映線ではないとします．

極点を入れ替える他の対称性は，赤道上の点を中心とする$180°$の回転と，赤道に関するすべり鏡映です．

Case 2.2.1 赤道上に$180°$回転の中心，2位の旋回点，がある場合：

この場合をさらに2つに分けます．

Case 2.2.1.1 極点がn本の大円に関する万華鏡点となっているとき：

赤道上の旋回点は鏡映線の上にはありません．また$180°$回転で鏡映線は鏡映線に移るので，旋回点は隣り合う2つの鏡映線の中間にあることがわかります．したがって記号は**2∗n**です．対称性の総数は$4n$．

Case 2.2.1.2 極点がC_nの旋回点のとき：経度0の経線を定め，そこから反時計回りに角度を定め，経度とします

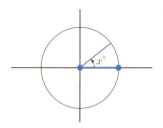

図2.15 球を上から見た図 ($0 \leq x \leq 360$)

また，極点の周りの $\dfrac{360}{n}$ 度の回転を T とします．経度が x 度の赤道上の点の周りの180度回転を H_x とし，対称性が H_0 を含むとします．H_0 のあとで続けて T をすると，$H_{180/n}$ が得られます．一般に H_0 のあとで続けて T を k 回すると，$H_{180k/n}$ が得られます．($k = 1, 2, ..., n-1$)

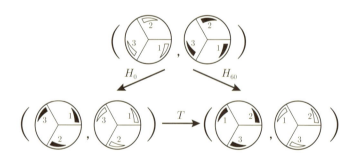

図2.16 $n=3$ のとき $TH_0 = H_{60}$
球を上から見た北半球と南半球の組で表す．T は120°の回転

したがって，赤道上には旋回点が $2n$ 個存在します（1つ旋回点があれば，球の反対側の点も旋回点となっていることに注意）．これらが T で移りあう2つの類に分かれます．よって記号は **22n**

です.

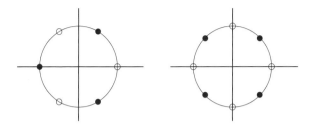

図2.17 $n=3$ と $n=4$ の場合の赤道上の旋回点
白丸同士,黒丸同士が T で移りあう. T は $\frac{360}{n}$ 度回転

$Case\, 2.2.2$ 赤道上に旋回点がなく赤道に関するすべり鏡映が対称性となっている場合です.

すべり鏡映を2回ほどこすと極点の回りの回転が得られます. この回転全体を C_n とすると,極点が旋回点となっているだけで極点はすべり鏡映で移りあいますから,記号は **n×** です. n 個の回転と n 個のすべり鏡映がありますから対称性の総数は $2n$ です.

まとめると次のようになります.Conway記号のあとのカッコ内の数は対称性の総数です.

北極と南極はすべての対称性で固定されるか

(Case 1.)　Yes

　　経線に関する鏡映をもつか

　　　　Yes → ∗**nn**, $(2n)$

　　　　No → **nn**, (n)

(Case 2.)　No

　　赤道に関する鏡映をもつか

　　　(2.1)　Yes

　　　　　　経線に関する鏡映をもつか

　　　　　　(2.1.1)　Yes → ∗**22n**, $(4n)$

　　　　　　(2.1.2)　No → **n**∗, $(2n)$

　　　(2.2)　No

　　　　　　赤道上に旋回点があるか

　　　　　　(2.2.1)　Yes

　　　　　　　　経線に関する鏡映をもつか

　　　　　　　　(2.2.1.1)　Yes → **2**∗**n**, $(4n)$

　　　　　　　　(2.2.1.2)　No → **22n**, $(2n)$

　　　　　　(2.2.2)　No → **n**×, $(2n)$

したがって次の定理が得られました.

定理2.1

北極点と南極点が固定される,または入れ替わる対称性のパターンは次の7通りに限られる.

*nn, nn, *22n $(n \geq 2)$, n* $(n \geq 2)$,
2*n $(n \geq 2)$, 22n $(n \geq 2)$, n×

2.4 帯模様

帯模様とは帯紐のような細長い領域が左右にどこまでも伸び,平行移動を対称性として持つ模様のことをいいます.

写真2.1 博多織り

十分長い帯模様を切り取って,模様が重なるように輪っかを作り,大きな球面の赤道の周囲に貼り付けると[7]球面の赤道近辺の模様ができますが,これを球面全体の模様と考えても良いでしょう.この模様の対称性は,極点の周りの十分大きな回数の回転を含み,かつ極点は極点だけに移ります.逆に,球面の赤道の周りだけに対称性をもつパターンがあれば,逆の操作で帯模様ができます.

---
[7] より正確には,球の中心への射影で球面上に写します.

したがって**定理2.1**においてnを∞とすることにより次の定理が得られます．

> **定理2.2**
>
> 帯模様のパターンは次の7種類に限られる．
>
> $*\infty\infty, \infty\infty, *22\infty, \infty*, 2*\infty, 22\infty, \infty\times,$

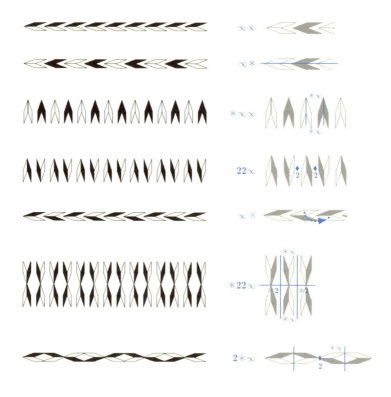

図2.18 帯模様の7つのパターン

問題 2.2

次のパターンを帯模様と思い Conway の記号を求めなさい．

1. (a) ⋯ 桜桜桜桜桜 ⋯
   (b) ⋯ 日日日日日 ⋯
   (c) ⋯ 本本本本本 ⋯
   (d) ⋯ 巨巨巨巨巨 ⋯
   (e) ⋯ 互互互互互 ⋯

2. (a) ⋯ BBBBB ⋯
   (b) ⋯ FFFFF ⋯
   (c) ⋯ HHHHH ⋯
   (d) ⋯ SSSSS ⋯
   (e) ⋯ TTTTT ⋯
   (f) ⋯ pbpbpbpb ⋯
   (g) ⋯ pdbqpdbq ⋯

3.

第3章 Conwayの魔法の定理

　前節ではConwayの記号を考えましたが,どんな勝手なシンボルの組み合わせも記号になるわけではなく簡明な条件を満たさなければなりません.これが魔法の定理ですが,このことを使って繰り返し模様を分類することができます.

3.1 Conwayの記号の値

　前章で模様の軌道面に対して定まるConwayの記号について説明をしました. これは

（旋回点）（o, ∗, ×）（万華鏡点）

によって定まり

$$r_1 r_2 \cdots r_k, \{*, \times, o\}, s_1 s_2 \cdots s_l$$

という形をしていました. ここで各シンボルはなくてもよいし重複していても構わないのでした.

　さて各シンボルに対し次のように値を与え,記号の値をその総和として定めることにします.

シンボル	o	∗	×	r_i	s_j
値	2	1	1	$\dfrac{r_i-1}{r_i}$	$\dfrac{s_j-1}{2s_j}$

定理2.1で分類された帯模様に対応する球面上の模様の記号の値を調べてみましょう．記号の値を[CBG]にならい**cost**と呼ぶことにします．

$$\begin{aligned}
\mathrm{cost}(*\mathbf{nn}) &= 1+\frac{n-1}{2n}+\frac{n-1}{2n}=2-\frac{2}{2n} \\
\mathrm{cost}(\mathbf{nn}) &= \frac{n-1}{n}+\frac{n-1}{n}=2-\frac{2}{n} \\
\mathrm{cost}(*\mathbf{22n}) &= 1+\frac{1}{4}+\frac{1}{4}+\frac{n-1}{2n}=2-\frac{2}{4n} \\
\mathrm{cost}(\mathbf{n}*) &= \frac{n-1}{n}+1=2-\frac{2}{2n} \\
\mathrm{cost}(\mathbf{2}*\mathbf{n}) &= \frac{1}{2}+1+\frac{n-1}{2n}=2-\frac{2}{4n} \\
\mathrm{cost}(\mathbf{22n}) &= \frac{1}{2}+\frac{1}{2}+\frac{n-1}{n}=2-\frac{2}{2n} \\
\mathrm{cost}(\mathbf{n}\times) &= \frac{n-1}{n}+1=2-\frac{2}{2n}
\end{aligned}$$

このことが次のように一般化できるということが，手品のようなConwayの魔法の定理です．

> **定理 3.1** ([CBG] Theorem 4.1, p.53; Conwayの魔法の定理，球面版)
>
> 球面上の対称性をもつ模様の記号の値はちょうど
>
> $$2 - \frac{2}{g}$$
>
> である．ここでgは模様の対称性の総数である．

上で確かめた計算と (2.3) で求めた対称性の総数を比べると，**定理2.1**の記号はすべて**定理3.1**を満たすことがわかります．

この定理の証明は次章に回し，この定理を認めると，球面上の模様の分類について，どのようなことが言えるか考えてみましょう．

3.2 球面上のパターン，その2

定理3.1から球面上の対称性の分類にはConwayの記号σで，$2 - \frac{2}{g} = \mathrm{cost}(\sigma)$であるものを求めることが必要となります．$g$は$\mathrm{cost}(\sigma)$により一意的に決まるので，この節では値が2未満となる記号を求めましょう．

まず**o**の値は2なので**o**が使われることはありません．また*****と**×**の値は1なので同時に使われることはありません．したがってσの可能性は次のいずれかです．

$$\sigma = \mathbf{r_1 r_2} \cdots \mathbf{r}_k * \mathbf{s_1 s_2} \cdots \mathbf{s}_l \text{ または } \mathbf{r_1 r_2} \cdots \mathbf{r}_k \times$$

$Case1$. まず記号が $\mathbf{r_1 r_2} \cdots \mathbf{r_k}$ の時を考えます.したがって対称性は回転だけです.第6章との関係もあるので改めて**定理3.1**をこの場合に書いておきます.

$$2 - \frac{2}{g} = \frac{r_1 - 1}{r_1} + \frac{r_2 - 1}{r_2} + \cdots + \frac{r_k - 1}{r_k} \qquad (3.1)$$

$r_i \geq 2$ なので $\dfrac{r_i - 1}{r_i}$ は $\dfrac{1}{2}$ 以上,したがって総和が2未満なので $k \leq 3$ であることがまずわかります.$k=3$ で $r_1 \geq r_2 \geq r_3 \geq 2$ と仮定します.すると

$$\frac{r_1 - 1}{r_1} + \frac{r_2 - 1}{r_2} + \frac{r_3 - 1}{r_3} < 2 \qquad (3.2)$$

でなければなりませんが,この不等式を整理して

$$1 < \frac{1}{r_1} + \frac{1}{r_2} + \frac{1}{r_3} \qquad (3.3)$$

となります.$r_3 = 3$ とすると右辺が1以下となり矛盾します.したがって $r_3 = 2$ で

$$\frac{1}{2} < \frac{1}{r_1} + \frac{1}{r_2}$$

となります.$r_2 \geq 4$ とすると,右辺は $\dfrac{1}{2}$ 以下となるので $r_2 = 2$ または3です.$r_2 = 2$ とすると r_1 は2以上の自然数であれば何であっても構いません.したがって **n22** という記号が得られますが,これはすでに前章で見たものです.

$r_2 = 3$ としてみましょう.すると不等式(3.2)から $r_1 < 6$ となり **332**, **432**, **532** という3つの記号が得られます.

次に$k=2$の場合を考えましょう．このとき記号$\mathbf{r_1 r_2}$の値は任意の2以上の自然数r_1, r_2に対し2未満です．ここで$k=2$ということは軌道面に旋回点が2つあるということを意味します．球面で考えているので，回転があれば，その回転の中心は球の裏側にもあります．もし，この回転軸の2つの極が考えている旋回点であれば，$r_1 = r_2 = n$となり，すでに考えた記号$\mathbf{nn}$となります．2つの旋回点が，この1つの回転軸の極以外にあるとすると，さらに回転の中心が出てきて，$k=2$という仮定に矛盾することになります．[1] また以上のことより$k=1$ということがありえない，ということもわかります．

Case 2. 次に記号が$*s_1 s_2 \cdots s_l,\ l > 0,$の場合を考えましょう．cost$(*) = 1$であることを使うと，この場合は**定理3.1**から次の等式が成り立たねばならぬことがわかります．

$$1 - \frac{2}{g} = \frac{s_1 - 1}{2s_1} + \frac{s_2 - 1}{2s_2} + \cdots + \frac{s_l - 1}{2s_l} \qquad (3.4)$$

したがって次の不等式を考えればよいことになります．

$$\frac{s_1 - 1}{2s_1} + \cdots + \frac{s_l - 1}{2s_l} < 1$$

しかし両辺に2を掛ければ，すでに考えた不等式(3.2)となります．したがって$l=3$の場合は解として

1　2つの回転の合成はまた回転であることから導かれます．第6章参照

$$*n22,\ *332,\ *432,\ *532$$

が得られます.[2] $l=1$の場合がないことは上で考えた回転の場合と同様にわかります. $l=2$の時も回転の場合と同様に$*\mathbf{nn}$が出てきます.

Case 3. その他の場合を考えましょう. $\sigma=\mathbf{r}_1\mathbf{r}_2\cdots\mathbf{r}_k\times$とします. このときは次が成り立たねばなりません.

$$1-\frac{2}{g}=\frac{r_1-1}{r_1}+\frac{r_2-1}{r_2}+\cdots+\frac{r_k-1}{r_k} \tag{3.5}$$

$k\geq 2$とすると右辺は1以上となるのでこの等式の解は, $k=1$, $g=2r_1$だけです. したがって, この場合の記号は$\mathbf{n}\times$, $(n\geq 1)$だけであることがわかります.

次に記号が$\mathbf{r}_1\cdots\mathbf{r}_k*\mathbf{s}_1\cdots\mathbf{s}_l$, $k>0$, $l\geq 0$, の場合を考えます. この場合の等式は

$$1-\frac{2}{g}=\sum_{i=1}^{k}\frac{r_i-1}{r_i}+\sum_{j=1}^{l}\frac{s_j-1}{2s_j} \tag{3.6}$$

となります. $l=0$のときは(3.5)と同じなので, 答は$n*$ $(n\geq 1)$となります. $l\geq 1$のときは, $s_j\geq 2$なので$\frac{1}{4}\leq\frac{s_j-1}{2s_j}$, したがって$k=1$で$r_1<4$です. $r_1=2$とすると, $\frac{1}{2}>\frac{s_1-1}{2s_1}+\frac{s_2-1}{2s_2}+\cdots+\frac{s_l-1}{2s_l}$より, $l=1$で$s_1=n>1$, $r_1=3$とすると$l=1$, $s_1=2$であることがわかります. したがってこの場合の記号は次の通りです.

---

[2] この4つの場合, 軌道面は(大円で囲まれている)球面三角形で3つの角度はπ/s_1, π/s_2, π/s_3です (Möbius, 1852).

$$\text{n}*, (n \geq 1), 2*\text{n}, (n \geq 2), 3*2$$

以上から球面の繰り返し模様のパターンの記号は次の14種類のいずれかであることがわかりました.

定理3.2

球面の繰り返し模様のパターンの記号は次のいずれかである. また, このどの記号にも対応する模様が存在する.

22n, 332, 432, 532, nn, n*, n×
***22n, *332, *432, *532, *nn, 2*n, 3*2**

注 この定理よりConway記号で値が2以下で球面の繰り返し模様に対応していないのは **n**, $(n>1)$, ***n**, $(n>1)$, **mn**, $(m \neq n)$, ***mn**, $(m \neq n)$ だけであることも上の議論で示されています.

14種類のいずれかに限ることは上で示しました. 帯模様のところで **nn**, ***nn**, **22n**, ***22n**, **n***, **n×**, **2*n** の7種類の存在を示しました. 残りの7種類の存在も図で示します. 球面上の図は図示しにくく, また図示してもわかりにくいので正多面体上の模様で示します. これを球面上の模様とするには正多面体を覆う球で中心が正多面体の中心と一致するものを考え, 中心から正多面体の模様を球面に射影すれば得られます.

第 3 章 Conwayの魔法の定理

(ア) 332

(イ) 432

(ウ) 532

図3.1 帯模様に対応しない7種類のパターン（ア）〜（ウ）　（次ページへ続く）

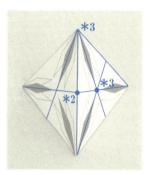

(エ) ＊332

(オ) ＊432

(カ) ＊532

図3.1 帯模様に対応しない7種類のパターン（エ）〜（カ） （次ページへ続く）

（キ）3∗2

図3.1 帯模様に対応しない7種類のパターン（キ）

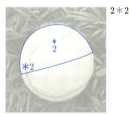

2∗2

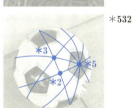

∗532

∗332

写真3.1 球面上のパターンの例
（上）テニスボール　（中）サッカーボール　（下）手毬

定理2.1以外のConway記号（C）に対応する対称性の全体（g）は次の通りです.

C	**332**	**432**	**532**	**∗332**	**∗432**	**∗532**	**3∗2**
g	12	24	60	24	48	120	24

3.3 平面の繰り返し模様

平行移動を対称性として持つ平面上の繰り返し模様を考えましょう．1つの方向だけの平行移動を対称性として持つものは帯模様で，すでにその分類は済んでいます．2つの方向の平行移動を持つとしましょう．

この模様にも今までのように記号を対応させることができます．

この場合のConwayの定理は次のようになります．

定理3.3（[CBG] Theorem3, 1, p.30; Conwayの魔法の定理，平面版）

Conwayの記号が平面の繰り返し模様の記号である条件は，その値が2となることである．

証明は後回しにして，値が2となる記号を分類してみましょう．球面の時と同様に，この記号を

$$r_1 r_2 \cdots r_k (シンボル) * s_1 s_2 \cdots s_l$$

とします．

Case 1. まず回転だけの場合,つまり記号が$\mathbf{r_1 r_2} \cdots \mathbf{r}_k$の場合を考えましょう.$r_1 \geq r_2 \geq \cdots \geq r_k$とします.$\mathrm{cost}\,(\boldsymbol{r}_i) = \dfrac{r_i - 1}{r_i}$なので,$\dfrac{1}{2} \leq \mathrm{cost}\,(\boldsymbol{r}_i) < 1$です.したがって$3 \leq k \leq 4$で,$k=4$のときは$r_1 = r_2 = r_3 = r_4 = 2$でなければいけないことが直ちにわかります.したがって$k=3$のときを考えれば良いことになります.$r_3 = 4$とすると記号の値は$9/4$以上となるので,$r_3 = 2$または3です.$r_3 = 3$の時は$r_1 = r_2 = r_3 = 3$でなければなりません.$r_3 = 2$としましょう.$r_2 \geq 5$と仮定すると記号の値は$\dfrac{1}{2} + 2 \times \dfrac{4}{5} = \dfrac{21}{10}$以上となるので,$r_2 \leq 4$でなければなりませんが,$r_2 = 2$とすると記号の値が$2$未満になるので,$r_2 = 3$または$4$です.$r_2 = 3$のときは$r_1 = 6$,$r_2 = 4$のときは$r_1 = 4$になります.

まとめると回転だけからなる記号で値が2であるものは次のものに限ることがわかりました.

$$\mathbf{2222}, \mathbf{632}, \mathbf{442}, \mathbf{333}$$

Case 2. 鏡映の組み合わせで得られる記号が$\ast \mathbf{s_1 s_2} \cdots \mathbf{s}_k$の時には,$\ast$の値が$1$,$\mathbf{s}_j$の値が$(s_j - 1)/2s_j$なので,回転の場合とまったく同じ議論により,次のものに限られることがわかります.

$$\ast \mathbf{2222}, \ast \mathbf{632}, \ast \mathbf{442}, \ast \mathbf{333}$$

Case 3. 次にシンボル$\mathbf{o}$,$\ast$,$\times$だけの場合を考えましょう.$\mathbf{o}$の値は2なので,$\mathbf{o}$がある時は,これだけです.これは2方向の平行移動だけを対称性として持つ場合です.

cost(×)＝cost(∗)＝1なので次の3通りの可能性が考えられます．

$$×× , ** , **$$

Case 4. シンボルの中ですべり鏡映×が1つだけのときを考えます．このときの記号は$\mathbf{r_1 r_2 \cdots r_k}$×です．このとき

$$1 = \frac{r_1-1}{r_1} + \frac{r_2-1}{r_2} + \cdots + \frac{r_k-1}{r_k}, k > 0, r_j > 1 (j=1,...,k)$$

より$k=2$, $r_1=r_2=2$となります．よってこの場合は**22**×だけです．

Case 5. 最後に

$$\mathbf{r_1 r_2 \cdots r_k * s_1 s_2 \cdots s_l}, k>0, l\geq 0$$

の場合を考えましょう．cost($\mathbf{r_1}$)は1/2以上なので，$k<3$であり，$k=2$のときは$r_1=r_2=2$, $l=0$であることがわかります．つまり**22∗**．$k=1$の時は，$r_1=2$から順に場合を考えることによって**2∗22**, **3∗3**, **4∗2**しか可能性がないことがわかります．

　第2章第2節で示したように，これらの記号を持つ繰り返し模様は確かに存在します．以上をまとめると，繰り返し模様の記号は次の17個に限られることがわかりました．

定理3.4

平面上の繰り返し模様で2つの方向の対称移動を対称性として持つものの記号は次の17種類のいずれかである．またこれらの記号を持つ繰り返し模様が存在する．

2222, 333, 442, 632, ∗2222, ∗333, ∗442, ∗632

o, ∗∗, ××, ∗×, 22×

22∗, 2∗22, 3∗3, 4∗2

平面上の繰り返し模様に対しては国際記号（I）もよく使われるので，Conway記号（C）との対照表をあげておきます．

C	2222	333	442	632	∗2222	∗333	∗442	∗632
I	p2	p3	p4	p6	pmm	p3m1	p4m	p6m

C	o	∗∗	××	∗×	22×	22∗	2∗22	3∗3	4∗2
I	p1	pm	pg	cm	pgg	pmg	cmm	p31m	p4g

第4章 Eulerの多面体定理とその応用

4.1 Eulerの多面体定理

凸多面体に関する次の定理はよく知られています.

定理4.1

凸多面体の頂点の数をV, 辺の数をE, 面の数をF, $ch=V-E+F$とすると$ch=2$である. このchをEulerの標数と呼ぶ.

いくつかの証明が知られていますが, 一番簡単なものは次の証明でしょう.

まず, 考えているのは頂点, 辺, 面の数だけであり形は関係ないので, 辺や面を曲げたり伸ばしたりして考えてよいことに注意します. 1つの面を外し, 蜜柑の皮を剥くように, その外した面から多面体を外側に開いていきます. すると考える問題は, 面が1つ減っただけなので, 次のように言いなおすことができます.

命題4.2

都市と道だけの地図がある．道は2つの都市を結んでいて，都市は点で，道は点を結ぶ線として表されている．全ての都市は少なくとも他の1つの都市と道でつながっている．道は都市以外のところでは交わらない．都市の数を V, 道の数を E, 道によって囲まれている面の数を F' とする．$ch' = V - E + F'$ とおくと $ch' = 1$ である．

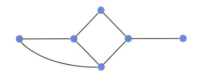

図4.1 都市と道の地図の例 ($V = 6, E = 7, F' = 2$)

証明

道によって囲まれている面があるとき，そのうちの道を1つ消す．その面をぐるっと回る道があったのだから，道を1つ消しても都市が消えることはない．消えるのは道と面が1つずつである．面については本当に消える場合と，他の面と一緒になる場合があるが，いずれにせよ1つ減る．したがって，この操作で ch' の値は変わらない．この操作を繰り返す

と，環状道路が全くなく，しかも全ての都市が道でつながっている地図ができる．

このような地図には，端っこの都市が必ずある．ないとすると面を囲む環状道路があることになるからである．この端っこの都市と，そこから出ている道を消そう．そうやって1つの都市と1つの道を消した新しい地図でも ch' の値は変わらない．この操作を繰り返すと，最後には都市が1つだけ残る．したがって $ch'=1$ である． □

$F=F'+1$, $ch=ch'+1$ であることに注意すると，この命題からEulerの定理が導かれます．

《4.3》

命題4.2は円板上にどのような地図を描いても $ch'=V-E+F'=1$ であることも示しています．このことはまた球面上にどのような地図を描いても $ch=V-E+F=2$ であることを示しています．このことをそれぞれ，円板のEuler標数は1，球面のEuler標数は2，といいます．

4.2 正多面体

Eulerの多面体定理の応用として，各面が合同な正多角形である正多面体は次の5種類しかないことを示すことができます．

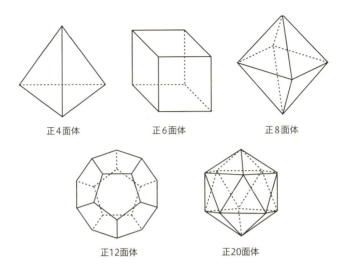

図4.2　5種類の正多面体

定理4.4

正多面体は正 4 面体，正 6 面体，正 8 面体，正 12 面体，正 20 面体の5種類だけである．

この事実はギリシャ時代から知られていて，プラトンの正多面体と呼ばれています．証明は次のようになります：

証明

正多面体の各面は，正 n 角形で，1 つの頂点を m 個の面が共有しているとする．立体となるので，$m \geq 3$ である．正 n 角形の内角は $(n-2)\pi/n$ だから，展開図を考えればわかるように，

$$m \times \frac{(n-2)\pi}{n} < 2\pi \tag{4.1}$$

でなければならない．特に $3 \times \frac{(n-2)\pi}{n} < 2\pi$ なので $n < 6$ である．$n=3, 4, 5$ の場合にそれぞれ不等式 (4.1) の可能性を考えると，$n=3$ のときは $m=3, 4, 5$，$n=4$ のときは $m=3$，$n=5$ のときは $m=3$ だけであることがわかる．

さて，この正多面体の頂点，辺，面の数をそれぞれ V, E, F とおこう．1 つの頂点は m 個の面，1 つの辺は 2 つの面にそれぞれ共有されるので $nF = mV$, $nF = 2E$ である．したがって Euler の多面体定理から

$$\frac{n}{m}F - \frac{n}{2}F + F = 2$$

が成り立つ．(n, m) の 5 つの場合を代入することにより次の結果が得られる．

(n, m)	(3, 3)	(3, 4)	(3, 5)	(4, 3)	(5, 3)
F	4	8	20	6	12
V	4	6	12	8	20
E	6	12	30	12	30

これらはちょうど 5 つの正多面体に対応しており，任意の正多面体はこれらのうちのどれかでなければならないことが示された． □

4.3 軌道面のEuler標数

繰り返し模様を考えるとき，対称性で移りあう点を同じものと考えることが大切で，これら同じものを考えた点の集まりを元の面（円板，平面，球面など）の部分集合として考えるときに基本領域，対称性で移りあう点を同一視して，例えば円錐のように1つの曲面としたものを軌道面というのでした．

このように閉じた有界な曲面に対しても，Eulerの多面体定理の証明で使った地図を用いてEuler標数を定義することができます．つまり地図の頂点（都市）の数を V, 辺（道）の数を E, 面の数を F とするとき，$V-E+F$ をその曲面のEuler標数とするのです．このとき，この標数は地図によらないのだろうか，という自然な疑問が起こります．幸いなことに，地図にはよらないのです．それを示す前に，地図の約束をはっきりとしておきましょう．

1. 辺は頂点と頂点を結び辺上の頂点はこの2点だけである．
2. どの2つの頂点もいくつかの辺でつながっている．
3. 1つの辺は他の辺と頂点以外で交わることはない．
4. 面をゴム膜のように，自由に形を変えられるとすると，三角形にすることができる．したがって球面は地図の1つの面ではない．

さて，1つの曲面に対し，このような地図が2つあったとしましょう．Γ と Γ' とし Γ の頂点，辺，面の総数を，V, E, F とします．まず Γ の細かな地図とは次の3つの操作（I），（II），（III）を繰り返して得られたものとします．

(I) 辺上の頂点の追加：辺の途中に1つの頂点を追加します．するとVは$+1$，Eも$+1$，Fは変わりません．したがって$ch = V - E + F$に変化はありません．

(II) 辺の追加：どの辺とも交わらない場合に2つの頂点を結ぶ辺を加えます．Eは$+1$，Fも$+1$，Vは変わりません．

(III) 面の中の頂点の追加：面の中に頂点を追加し，面を囲む頂点のうちの1つと結ぶ．Vは$+1$，Eは$+1$，Fは変化しません．

ΓとΓ'を合わせた地図Γ_0を，頂点の集合を，ΓとΓ'の頂点の集合を合わせさらに辺の交点を付け加えたものとし，辺の集合をΓとΓ'の辺の集合で，付け加わった頂点によって細かくなったもの，および操作(III)で加えられたものとします．面は以上の操作で自然に定まるものとします．このようにΓ_0を定めるとΓ_0はΓの細かな地図であることがわかります．（いくつか例を作って考えてください．）したがってΓが定める標数とΓ_0が定める標数は同じです．同様にΓ_0はΓ'の細かな地図でもあるので，標数は地図によらずに定まりました．

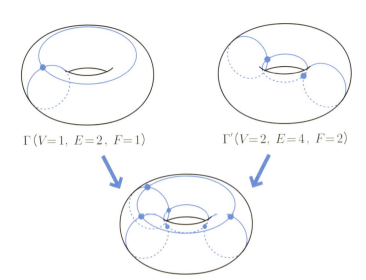

図4.3 トーラス上の2つの地図とその合併

さて軌道面の標数の計算にはさらに次の約束をします．

《4.5》([C], p.441)
1. 旋回点，万華鏡点が定める点は必ず頂点とする．
2. m 位の旋回点は価値 $\frac{1}{m}$ の錐点を定める．
3. 鏡映線上で万華鏡点でない頂点は価値 $\frac{1}{2}$ の境界点を定める．
4. m 位の万華鏡点は鏡映線上に価値が $\frac{1}{2m}$ の尖点を定める
5. 鏡映線上の辺は価値が $\frac{1}{2}$ の境界上の辺を定める．
6. 面が旋回点を1つだけ内部に持ち，それを m 位とすると面の価値は $\frac{1}{m}$ となる．

元の面で考えて，上のような点や辺がいくつの基本領域に共有されているのかを考えれば，この約束を納得できるでしょう．

このように頂点，辺，面の価値を決めた時にEuler標数がどのようになるか，例で見て行きましょう．

Eulerの標数を考えるとき，頂点と辺からなるどのような地図を考えても構いませんでした．ただし，各辺は頂点と頂点を結び，しかも2つの線は頂点を共有しない限り，決して交わらないという仮定がありました．軌道面の頂点，辺，面，の価値の総和をそれぞれv, e, fと表すことにします．

球面上の繰り返しパターンの場合を，まず考えます．

nnの場合：

旋回点が2つあるのでその2つだけを頂点とします．この2つの頂点を極点とし，等間隔にn本の経線で結びます．したがって，$V=2, E=n, F=n$です．これから軌道面を作ると，バナナのような面ができます．n位の旋回点が定める錐点が2つあり，この2つの頂点が1つの辺で結ばれているので$v=\frac{2}{n}, e=f=1$となります．したがって

$$v - e + f = \frac{2}{n} - 1 + 1 = \frac{2}{n}$$

となります．$n=5$の場合を図示します．

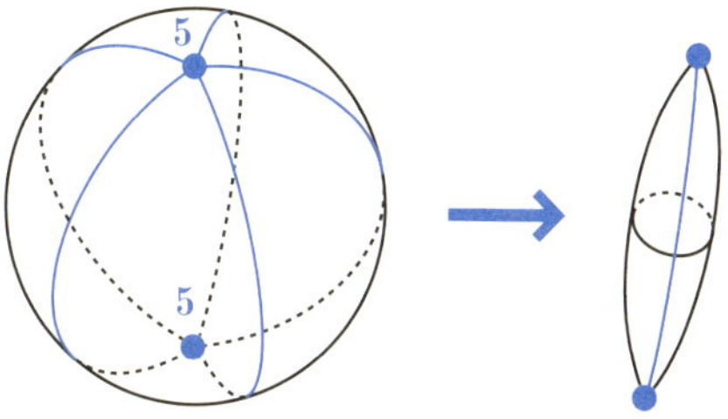

図4.4 $n=5$の場合のnn

n∗の場合：

nnの地図に加えて，赤道が鏡映線となります．赤道とn本の経線との交点が頂点となり，赤道がn本の辺となるので，$V=n+2$, $E=3n$, $F=2n$です．

この場合の軌道面は，nnの軌道面であるバナナ状のものを半分に切ったものとなります．頂点は2つで，1つは極のn位の旋回点が定める錐点，もう1つは赤道上の頂点からくるものです．赤道は鏡映線なので，境界線を定め，その上の点や辺すべて価値は$\frac{1}{2}$となります．したがって$v=\frac{1}{n}+\frac{1}{2}$, $e=1+\frac{1}{2}$, $f=1$で，$v-e+f=\frac{1}{n}=\frac{2}{2n}$となります．

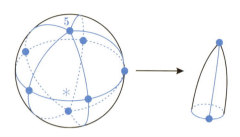

図4.5 $n=5$ の場合の $n*$

22nの場合：

極点が n 位の旋回点となり，赤道上に2位の旋回点が $2n$ 個等間隔に存在します．辺はすべて経線で，極点と赤道上の旋回点を結ぶものとします．したがって，$V=2+2n$，$E=4n$，$F=2n$ です．

軌道面は3つの錐点をもつ口のない袋のようなもので，n 位の旋回点が定める錐点が1つ，2位の旋回点が定める錐点が2つです．$v=\frac{1}{n}+2\times\frac{1}{2}$，$e=2$，$f=1$ で

$$v-e+f=\frac{1}{n}+2\times\frac{1}{2}-2+1=\frac{1}{n}=\frac{2}{2n}$$

となります．

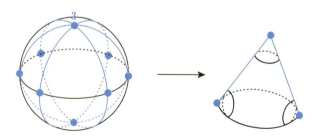

図4.6 $n=3$ の場合の $n*$

3∗2の場合:

軌道面はツバがとがった三角帽子のような形状で,3位の錐点が1つ,境界線が1つで,境界線上の2位の尖点が1つです.したがって図のような地図を考えて,$v=\frac{1}{3}+\frac{1}{4}$, $e=1+\frac{1}{2}$, $f=1$ なので $v-e+f=\frac{1}{12}=\frac{2}{24}$ です.

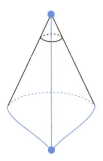

図4.7 3∗2の軌道面

もう推測がついたと思いますが,対称性の総数を g とすると,軌道面のEuler標数を考えることは基本領域で考えても同じで,基本領域は全体で g 個あって球面を覆っているので,基本領域のEuler標数は球面のEuler標数の g 分の1になります.球面のEuler標数は2ですから(p.54の《4.3》),軌道面のEuler標数は $\frac{2}{g}$ となります.まとめておきましょう.

命題4.6

球面上の繰り返し模様で対称性の総数が g であるものの軌道面のEuler標数は $\frac{2}{g}$ である.

次に平面上の繰り返し模様から決まる軌道面のEuler標数を考えましょう．

模様がある平面に半径Rの大きな円を描きます．この中に完全に含まれている基本領域の総数をNとし，また1つの基本領域の地図を考え，頂点，辺，面の価値をそれぞれv, e, fとします．ただし，これらは《4.5》, p.59, に基づいていて，例えばn位の旋回点のvへの寄与は$\frac{1}{n}$などとして計算されたもので，$v-e+f$は軌道面のEuler標数となっています．この1つの基本領域と同じ地図を他の基本領域にも書いて，円に含まれるN個の基本領域が定める図形（Dとします）の地図を考えます．頂点は必ず旋回点と万華鏡点を含み，元の模様の鏡映線は必ず辺を定めるものとし，また全ての頂点は辺を辿ることによって結ばれており，辺は頂点でのみ交差する，という約束はいつも通りです．この地図の頂点，辺，面の数をそれぞれV, E, Fとすると**命題4.2**から$V-E+F=1$です．一方$N(v-e+f)$は大体$V-E+F$で，その差は図形Dの周囲の価値の数え方から生じるため，円周の長さ$2\pi R$に比例します．一方Nは円の面積πR^2に比例しているので，$R \to \infty$とすると

$$\left| \frac{1}{N} - (v-e+f) \right| = \frac{1}{N} |(V-E+F) - N(v-e+f)| \to 0$$

です．したがって$v-e+f=0$でなければいけません．

命題4.7

平面上の繰り返し模様の軌道面のEuler標数は0である．

今度は球面から出発してConwayの記号によって軌道面の Eulerの標数がどのように変化するかを考えましょう．

n 位の旋回点があるとき：

1つの点の価値が1から $\frac{1}{n}$ となります．他は変わりません．したがってシンボル **n** は Euler 標数を $1 - \frac{1}{n} = \frac{n-1}{n}$ 変化させます．軌道面は C_n に対応する錐点を含みます．

∗があるとき：

軌道面を得るために，鏡映線で折り畳むという操作をするので球面に穴を開けることになります．例えば鏡映線が赤道だとし，南半球を北半球に重ね合わせるとすると，面が1つ減り境界線上の点や辺の価値が $\frac{1}{2}$ になりますが，境界線上の辺と頂点の個数は同数なので，標数の値の変化には関係しません．したがって，標数の変化は面が1つ減った1だけです．

n 位の万華鏡点があるとき $(n>1)$：

シンボルは ∗**n** です．まず ∗ があると上で示したように，穴を開けることになり，穴の縁（境界という）の点及び辺の価値は半分となります．万華鏡点が定める尖点は，この価値をさらに $\frac{1}{n}$ にするので，標数の変化は

$$\frac{1}{2} - \frac{1}{2n} = \frac{n-1}{2n}$$

です．

×があるとき：

すべり鏡映でも鏡映∗と同じで，まず穴を開け，この穴を捩じって縁を閉じ合わせます．叉帽（crosscap）といいますが，3次元空間では実現されません．想像して見てください．ただ標数の変化は簡単で，鏡映の場合と同様に1つの面がなくなるだけなので変化は1です．

叉帽

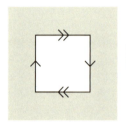

穴を開けて矢印を
同じ向きで同一視する

図4.8 叉帽

oがあるとき：

2方向の平行移動だけが対称性なので軌道面は輪環面（トーラス）となります．輪環面のEuler標数は**図4.3**から考えればわかるように0です．したがって標数は2から0に変化します．

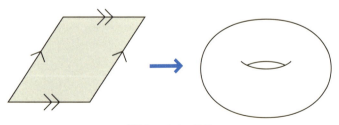

図4.9 oとトーラス

以上でConwayの記号の値(cost)は球面から軌道面を得るときのEuler標数の差を与えていることがわかりました．

さて**曲面の位相幾何の基本定理**(**fundamental theorem of the topology of surfaces**)[1]によれば，2つの閉曲面が同相(曲げたり伸ばしたりして，本質的に同じであることが確認される)であるための条件は

- 境界の数
- 向き付け可能か否か
- Eulerの標数

がそれぞれ一致することです．

また同じ基本定理から，全ての閉曲面は球面から出発し，ハンドルをつける操作 o，穴を開ける操作 $*$，叉帽(crosscap)をかぶせる操作 $\times$，を繰り返すことにより得られることがわかっています(このことの，図を使った見事な説明が[CBG]，Chapter 8にあります)．

軌道面は，得られた閉曲面のいくつかの通常の点を錐点とする，境界のいくつかの点を尖点とする，という操作で得られます．したがって，すべての軌道面をConwayの記号が記述していることになります．

---

1 日本数学会編集,岩波数学辞典,第4版,(2007),103曲面，または田村[4],定理6.13

魔法の定理3.2, 3.3の証明

繰り返し模様が与えられ，そのConway記号をσとする．このσは繰り返し模様の軌道面も記述している．$\mathrm{cost}(\sigma)$は球面から軌道面へのEuler標数の差を表す．したがって球面の場合，**命題(4.6)** より

$$\mathrm{cost}(\sigma) = 2 - \frac{2}{g},$$

平面の場合は**命題(4.7)** より

$$\mathrm{cost}(\sigma) = 2 - 0 = 2$$

となる． □

曲面の位相幾何の基本定理の証明は省略しますが，興味をもたれた方は［CBG］や巻末に紹介した文献などに挑戦してください．なお，第6章で魔法の定理（球面版）を代数的に説明します．

次章からは，今まで出てきた群の概念を少し厳密に説明しましょう．

第 5 章 群と対称性

5.1 準備

今まではできるだけ数学の用語や記号などを使わないようにしてきましたが,今まで得られた結果をより正確に深く理解するためには,それらを使うことがどうしても必要です.

また2次元,3次元の場合には,ある程度想像が働き,直観でわかることも多いのですが,対称性は4次元以上にもあり,それらをわかろうとすると,基本的には論理を武器にしてわかる範囲を広げていく,という道しかありません.そのためには用語の正確な使い方が要請されます.数学のよい点は,それが世界共通だということで,例えば囲碁や将棋のゲームのルールを理解している人同士であれば,国籍を問わず対戦を楽しむことができるということに似ています.ただ,その約束を理解するには多少時間がかかるし,また無味乾燥に見えることが,数学の難点かもしれません.

閑話休題.とりあえず現代数学のアルファベットである集合と写像について,現在の高校の教科書に書かれている程度のことを,復習しましょう.不慣れな読者の方は,以後,わかるところだけを話として読んでいただいて結構ですが,正確に議論を追おうと思われたら,高校の教科書や巻末の文献などで,この本の説明で

は不十分なところを補充してください.

ものの集まりを**集合**といいます.大切なことは,その"もの"が集合に属するか否かが判別できることです.例えば,絶対値が3以下の整数の集まりは集合であり,これをTとすると

$$T=\{-3, -2, -1, 0, 1, 2, 3\}$$

あるいは$T=\{n | n は整数, |n|\leq 3\}$と書きます.集合に属している"もの"を**元**(げん,element)と呼び,元xが集合Xに属することを,$x \in X$あるいは$X \ni x$と表します.

集合Yのすべての元がXの元であるとき,YはXの部分集合であるといい$Y \subset X$または$X \supset Y$と書きます.この記号を使うと,$X=Y$であることは$Y \subset X$かつ$X \supset Y$が成り立つことです.元を全く持たない集合も考え,それを空集合といいϕと表します.どの集合Xに対しても$\phi \subset X$が成立しています.

元の数が無限である集合では,その元をすべて書きだす表記は不可能なので,特別な記号を使って表します.例えば整数全体の集合$\{0, \pm 1, \pm 2,...\}$は$\mathbb{Z}$で,実数全体の集合は$\mathbb{R}$で表すことが多く,この本でも,$\mathbb{Z}, \mathbb{R}$は以後この意味で使います.

2つの集合X, Yがあるとき,各$x \in X$にYの元を対応させる規則をXからYへの**写像**といいます.写像をfとすると

$$f : X \to Y, x \mapsto f(x)$$

のように書き,Xをfの定義域,Yをfの値域と言います.

例えば,$X=Y=\mathbb{R}$で,各元$x \in \mathbb{R}$にその平方を対応させる写像

に s という名前をつけると,$s:X\to Y$, $x\mapsto x^2$ と表すことができます.

定義域と値域が同じ2つの写像,$f, g:X\to Y$, が等しい,$f=g$, とは,すべての $x\in X$ に対し $f(x)=g(x)$ が成り立つこととします.

写像 $f:X\to Y$ が,任意の $y\in Y$ に対してある $x\in X$ が存在し,$y=f(x)$ となる性質をもつとき,f は上への写像,または**全射** (surjection),といいます.また $x, x'\in X$, $f(x)=f(x')$ であれば $x=x'$ が成りたつとき,f は1対1対応,または**単射** (injection) といい,全射かつ単射のとき**全単射**といいます.この2つの写像の性質は単純ですが,それゆえに重要なものです.

例えば,上の写像 s は全射でも単射でもありませんが,$\mathbb{R}_{\geq 0}=\{x\in\mathbb{R}\mid x\geq 0\}$ とおくと,写像 $s':\mathbb{R}\to\mathbb{R}_{\geq 0}$, $x\mapsto x^2$ は全射,写像 $s'':\mathbb{R}_{\geq 0}\to\mathbb{R}_{\geq 0}$, $x\mapsto x^2$ は全単射となります.このように写像を考えるときは,定義域および値域までふくめて考えねばなりません.最後に簡単な論理に関する記号の約束を思い出しましょう.2つの命題 p, q があったとき,p が真であれば,必ず q が真であることを

$$p \Rightarrow q$$

と表すのでした.

5.2 群の定義

対称性というのは,今まで見て来たように,自然の中に多く存在し,また数千年前から人類に認識され,芸術,建築,民芸品など,様々なところで使われてきました.しかし,対称性の背後にある群という概念が取り出されたのは比較的新しく,以下のよう

にまとめられたのは19世紀後半にはいってからです。[1] またよく知られているように，群論成立の背景は，対称性の研究よりはむしろLagrange, Abel, Galoisらによる方程式の代数的解法の研究であり，方程式の解の置換が群論の濫觴(らんしょう)といえます．

具体的なものから抽象的な原理を抽出することが如何に困難であるかという歴史的な証明となっているように思います．さて群の定義は次のように与えられます．

定義5.1

Gを空でない集合とし，Gの任意の2元x, yに対して，Gの元zがある演算と呼ばれる規則により定まるとする．zはx, yによって決まるので$z = x \cdot y$と書こう．次の3つの性質(1), (2), (3)が成り立つとき，Gはこの演算によって**群**(group)である，あるいは簡単に，Gは群である，という．

(1) (結合律) Gの任意の元x, y, zに対し，$(x \cdot y) \cdot z = x \cdot (y \cdot z)$が成り立つ．

(2) (単位元の存在) 単位元と呼ばれる元$e \in G$があり，Gの任意の元xに対し，$x \cdot e = e \cdot x = x$が成り立つ．

(3) (逆元の存在) Gの任意の元xに対し，xの逆元と呼ばれる元$x' \in G$が存在し，$x \cdot x' = x' \cdot x = e$が成り立つ．

さらに次の性質が成り立つとき，Gを**アーベル群**という．

(4) (交換律) Gの任意の元x, yに対し，$x \cdot y = y \cdot x$が成り立つ．

---

[1] 例えば次を参照：V. J. カッツ著, 上野健爾等監訳, 数学の歴史, 共立出版；第15章 19世紀の数学, 15.3 群と体—構造概念の始まり

注 Gがアーベル群のとき,演算が+で表されることがあります.このとき,Gを加法群とよび単位元は多くの場合0で表されます.これに対し,演算をxyのように書くときには,演算を乗法的に表す,といいます.以後,一般の群を考えるとき,特に断らなければ演算を乗法的に書きます.また単位元を簡明のため1で表すこともあります.

以下のいくつかの問は,群の定義だけを使って証明することができます.簡単な論理的思考の訓練で詰め碁や詰将棋のようなものですが,易しいレベルのものです.初めての人は挑戦してみてください.

問題5.1

単位元はただ1つであることを証明せよ.またxの逆元もただ1つであることを示せ.

以後xの逆元をx^{-1}と書くことにします.

問題5.2

次を示せ. $(x \cdot y)^{-1} = y^{-1} \cdot x^{-1}$, $(x^{-1})^{-1} = x$

群のような考える対象が決まると,それらの間の関係を考える際に必要な写像を定義することが次に大切なことになります.

定義5.2

G, G' を2つの群とする．写像 $f: G \to G'$ が，すべての $x, x' \in G$ に対し
$$f(x \cdot x') = f(x) \cdot f(x')$$
という条件を満たすとき，f を**準同型写像**（homomorphism）という．さらに f が全単射の時 f を**同型写像**という．また同型写像 $f: G \to G'$ が存在するとき，G と G' は**同型**であるといい，$G \cong G'$ と書く．

群 G の元の総数を G の**位数**といい，また位数が有限である群を**有限群**といいます．

次の定義も必要でまたごく自然なものです．

定義5.3

群 G の空でない部分集合 H が，G の演算でそれ自身が群であるとき，H を G の**部分群**（subgroup）という．

部分群の定義としてはより使いやすい形のものがありますが，それらの間の同値性の証明は演習問題とします．

問題5.3

群 G の空でない部分集合 H について次の3つの命題は同値であることを示せ．
(1) H は G の部分群である．

(2) 次の2つの条件が成立する.

  (a) $x, y \in H \Rightarrow x \cdot y \in H$

  (b) $x \in H \Rightarrow x^{-1} \in H$

(3) 次の条件が成立する.

  (c) $x, y \in H \Rightarrow x \cdot y^{-1} \in H$

いままで演算を意識するため $x \cdot y$ と書いてきましたが,以下では・を省略し xy と簡略して表すことにします.

さて H を群 G の部分群とし,$x \in G$ に対し x の属する H に関する**右剰余類**と呼ばれる集合 $Hx = \{hx \mid h \in H\}$ を考えましょう.G のこの部分集合は次のような特別な性質を持っています.

命題5.1

$$x, y \in G, \ Hx \cap Hy \neq \phi \Rightarrow Hx = Hy$$

証明

仮定から $Hx \cap Hy \neq \phi$ なので,$z \in Hx \cap Hy$ となる $z \in G$ が存在する.z は $z = h_1 x = h_2 y$ と H のある元 h_1, h_2 で表すことができる.したがって $x = h_1^{-1} h_2 y$ なので,すべての $h \in G$ に対し,

$$hx = h(h_1^{-1} h_2 y) = (h h_1^{-1} h_2) y \in Hy,$$

となり $Hx \subset Hy$ が得られる.同様に $Hy \subset Hx$ も成り立つので $Hx = Hy$ である. □

注 この証明は部分群の定義だけを使っていることに注意してく

ださい.

このことから G は次のように，どの2つも共通部分がない右剰余類の和集合として表されることが導かれます．

$$G = \cup_{\lambda \in \Lambda} Hx_\lambda, \quad Hx_\lambda \cap Hx_{\lambda'} = \phi, \ (\lambda \neq \lambda')\ [2]$$

ここで Λ はある添数集合（添え字の集合）で，この分解を H の右剰余類への G の完全分解，$\{x_\lambda | \lambda \in \Lambda\}$ を**完全代表系**といいます．

任意の2つの右剰余類 Hx と Hy をとると，$x^{-1}y$ を右側から掛ける写像 $\rho_{x^{-1}y}: Hx \to Hy, \ z \mapsto zx^{-1}y$ は逆写像 $\rho_{y^{-1}x}$ を持つので全単射であり，したがって Hx と Hy の元の数は等しく，特に $x = e$ とおき H の元の数，すなわち H の位数，と等しいことがわかります．したがって右剰余類への完全分解から $|G| = |\Lambda||H|$ となります．完全代表系は一意には定まりませんが，その個数 $|\Lambda|$ は一意に決まることもわかりました．この個数を H の G における**指数**（index）といい $[G:H]$ と表します．したがって

$$|G| = [G:H]|H|$$

です．なお異なる右剰余類全体の集合，$\{Hx_\lambda | \lambda \in \Lambda\}$ を $H \backslash G$ と書きます．G を有限群とすると次が成り立ちます．

$$|H \backslash G| = [G:H] = |G|/|H|$$

---

[2] このように交わりのない和集合を記号 $\sqcup$ を使い $G = \sqcup_{\lambda \in \Lambda} Hx_\lambda$ とも表します．

特に次の定理が示されました．

定理 5.2 (Lagrange)

有限群 G の部分群 H の位数は，G の位数の約数である．

なお**左剰余類**，xH，についても同様の議論ができます．次が成立するので，右剰余類の総数と左剰余類の総数は同じです．この総数が指数 $[G:H]$ です．

$$\{x_\lambda\}_{\lambda \in \Lambda} が右剰余類の完全代表系$$
$$\Leftrightarrow \quad \{x_\lambda^{-1}\}_{\lambda \in \Lambda} が左剰余類の完全代表系$$

問題 5.4 上の同値性を証明せよ．

さて群 G の元 x と非負整数 n に対し，そのベキ x^n を次のように帰納的に定義します．
$$x^0 = 1,\ x^n = x x^{n-1},\ (n \geq 1)$$

n が負の整数のときは $x^n = (x^{-1})^{-n}$ とします．

問題 5.5

任意の整数 m, n に対し，次の指数法則が成り立つことを示せ．

$$x^m x^n = x^{m+n},\ (x^m)^n = x^{mn}$$

$x^n=1$ となる正整数 n が存在するとき，そのような n の中で最小のものを x の**位数** (order) といい $\mathrm{ord}(x)$ と書くことにします．つまり $k=\mathrm{ord}(x)$ とすると，k は正整数で，$x^k=1$, かつ $0<i<k$ であれば $x^i\neq 1$ です．さらに $0\leq i<j<k$ のとき $x^i\neq x^j$ となります．実際，もし $x^i=x^j$ であるとすると $x^{j-i}=1$, $0<j-i<k$, となり k が x の位数であることに反するからです．したがって集合 $\langle x\rangle:=\{x^i\mid i=0,1,\ldots,k-1\}$ の元の数はちょうど k であることがわかります．ここで $:=$ は，右辺で左辺を定義する，という意味です．上で定めた $\langle x\rangle$ が部分群となっていることは容易に確かめることができるでしょう．$\langle x\rangle$ を x が生成する部分群，特に**巡回部分群** (cyclic subgroup) といいます．したがって，$\mathrm{ord}(x)$ は実は部分群 $\langle x\rangle$ の位数と同じとなります．それで同じ位数という用語を使ってもそれほど問題はないのですが，しかし群の位数か，元の位数かは区別して使う必要があります．

以上の考察より次の事実は Lagrange の定理から直ちに導かれます．

系5.3

有限群 G の任意の元の位数は G の位数の約数である．

なお，位数が有限でない元の位数は無限であるといい，この場合，負のほうも入れて $\langle x\rangle=\{x^n\mid n\in\mathbb{Z}\}$ とします．この定義は位数が有限であっても実は同じとなります．これは整数では割り算ができるという事実に基づきます．つまり $\mathrm{ord}(x)=k$ を有限と

し，n を任意の整数とすると

$$n = kq + r,\ q,\ r \in \mathbb{Z},\ 0 \leq r < k$$

と割り算ができます．ここで q は商，r は k で割った余りです．すると $x^n = x^{kq+r} = (x^k)^q x^r = 1^q x^r = x^r$ となるからです．

5.3 群の例

5.3.1 基本的な例

数学では定義があればすぐ例を考えることが大切です．群の場合，最も基本的なものとして次があります．

例 5.1 整数全体の集合 $\mathbb{Z} = \{0, \pm 1, \pm 2, \ldots\}$ は和に関して群（加法群）となる．単位元は 0, $n \in \mathbb{Z}$ の逆元は $-n$ である．

ただし $\mathbb{Z}$ は積に関しては群にならない．結合法則は成立し単位元 1 は存在するが 0 の逆元はない．さらに，例えば 2 の積に関する逆元は整数の中にはない．したがって群の条件のうち 3 番めの（逆元の存在）が成立していない．逆元が整数の中に存在するものは $\{\pm 1\}$ だけで，これは 2 つの元だけで積に関する群をなす．

同様に実数全体の集合 $\mathbb{R}$ も和については群だが，積に関しては群ではない．この場合，0 以外は積に関して $\mathbb{R}$ 中に逆元を持ち，$\mathbb{R}^\times := \mathbb{R} - \{0\}$ は積に関して群をなす．

次に，群が登場する一般的な場合を考えましょう．

X を空でない集合とし，X を定義域および値域とする写像全体

の集合，言い換えると集合Xをそれ自身の中に移す写像の全体の集合，を$\mathcal{M}(X)$とします．$f, g \in \mathcal{M}(X)$に対しその合成写像$f \circ g$を

$$(f \circ g)(x) = f(g(x)), \quad x \in X$$

により定義します．すると$f, g, h \in \mathcal{M}(X)$および$x \in X$に対して

$$(f \circ (g \circ h))(x) = f((g \circ h)(x)) = f(g(h(x)))$$
$$= (f \circ g)(h(x)) = ((f \circ g) \circ h)(x)$$

が成り立ちます．$x \in X$はXの勝手な元ですから写像として$f \circ (g \circ h) = (f \circ g) \circ h$となります．つまり$\mathcal{M}(X)$においては写像の合成を演算として結合律が成り立つことになります．

また$id_X \in \mathcal{M}(X)$を$id_X(x) = x, (x \in X)$として定めると，明らかに$id_X \circ f = f \circ id_X$がすべての$f \in \mathcal{M}(X)$に対して成り立ちます．$id_X$は$X$の**恒等変換**と呼ばれます．

以上より$\mathcal{M}(X)$は写像の合成を演算として，結合律および単位元の存在という条件を満たすことがわかりました．しかし全ての写像に逆写像が存在するわけではありません．$f \in \mathcal{M}(X)$に逆写像が存在するということは，ある$f' \in \mathcal{M}(X)$が存在し，

$$f \circ f' = f' \circ f = id_X$$

が成立することでした．$f \circ f' = id_X$ということからfは上への写像（全射）であるということが，また$f' \circ f = id_X$ということからf

は1対1対応(単射)であることが，それぞれ導かれます．実際，$y \in X$ に対して $x = f'(y)$ とおくと $f \circ f' = id_X$ より，$y = f(f'(y)) = f(x)$ となるので f は上への写像です．また $f' \circ f = id_X$, $x, x' \in X$, $f(x) = f(x')$ とすると

$$x = id_X(x) = (f' \circ f)(x) = f'(f(x)) = f'(f(x')) = x'$$

となるので1対1対応です．

逆に $f \in \mathcal{M}(X)$ が上への写像で，かつ1対1対応とすると，任意の $y \in X$ に対してただ1つ $x \in X$ で $y = f(x)$ となるものが存在します．$f' \in \mathcal{M}(X)$ を $f'(y) = x$ として定めれば f' は f の逆写像となります．よって，以上より

$\mathcal{S}(X) := \{ f \in \mathcal{M}(X) \mid f \text{は1対1対応かつ上への写像(全単射)} \}$

は，写像の合成を演算として群となります．

上で証明したことは以後も使う大切なことなので，まとめておきましょう．

命題5.4

$f \in \mathcal{M}(X)$ が逆写像を持つための必要十分条件は f が上への1対1写像(言い換えると，全単射)であることである．

注 X を模様とするとき，第2章，第3章で X の対称性全体を考えましたが，対称性を X から X への写像と考えることにより，

$\mathcal{S}(X)$ のように群となります. X の対称群 (symmetry group of X) といい, $Sym(X)$ で表すことにします.

5.3.2 対称群と交代群

前節で考えた群の構成法を $X=\{1, 2, 3, ..., n\}$ の場合に適用してみましょう. $\mathcal{M}(X)=\mathcal{M}_n$, $\mathcal{S}(X)=\mathcal{S}_n$ と書き, また $f \in \mathcal{M}_n$ で $f(1)=i_1$, $f(2)=i_2, ..., f(n)=i_n$ のとき

$$f = \begin{pmatrix} 1 & 2 & \cdots & n \\ i_1 & i_2 & \cdots & i_n \end{pmatrix}$$

と書くことにします.

例 5.2 $\mathcal{S}_3$ の元は 6 個ある. それらは

$$\tau_0 = \begin{pmatrix} 1 & 2 & 3 \\ 1 & 2 & 3 \end{pmatrix}, \tau_1 = \begin{pmatrix} 1 & 2 & 3 \\ 2 & 1 & 3 \end{pmatrix}, \tau_2 = \begin{pmatrix} 1 & 2 & 3 \\ 1 & 3 & 2 \end{pmatrix},$$

$$\tau_3 = \begin{pmatrix} 1 & 2 & 3 \\ 3 & 1 & 2 \end{pmatrix}, \tau_4 = \begin{pmatrix} 1 & 2 & 3 \\ 2 & 3 & 1 \end{pmatrix}, \tau_5 = \begin{pmatrix} 1 & 2 & 3 \\ 3 & 2 & 1 \end{pmatrix},$$

である.

問題 5.6

$\mathcal{M}_n$ および $\mathcal{S}_n$ の元の数はそれぞれ n^n, $n!$ であることを示せ.

$\mathcal{S}_n$ は **n 次対称群** (symmetric group) と呼ばれ, 次の意味でも基

本的な群です.

定理5.5 (Cayley)

任意の有限群はある $\mathcal{S}_n$ の部分群と同型である.

問題5.7 上の Cayley の定理を証明せよ.

対称群の元は歴史的に**置換**(permutation)と呼ばれます. 置換を表すために, より簡単な表記法を考えましょう. 例で示します.

$$\sigma = \begin{pmatrix} 1 & 2 & 3 & 4 & 5 & 6 & 7 & 8 & 9 \\ 3 & 4 & 5 & 6 & 7 & 8 & 9 & 2 & 1 \end{pmatrix}$$

とすると σ は次のように元を動かします:

$$1 \mapsto 3 \mapsto 5 \mapsto 7 \mapsto 9 \mapsto 1, \quad 2 \mapsto 4 \mapsto 6 \mapsto 8 \mapsto 2$$

これを簡単に

$$\sigma = (13579)(2468)$$

と書くことにします. 1つの括弧の中は数字の動く順番であれば, どのように書いても構いません. 例えば

$$(13579) = (35791) = \cdots = (91357)$$

です. このように数字をグルグルと変換する置換を巡回置換とい

います．置換の位数は有限なので1つの数字から変換していくと必ず元に戻ります．したがって次が成り立つことがわかります．

命題5.6

任意の置換は数字を共有しない巡回置換の積として表すことができる．

さて巡回置換の中で(12)のように2つの数字を入れ替えるだけの巡回置換を**互換**といいます．巡回置換は次のように互換の積として表すことができます．

$$(123456) = (16)(15)(14)(13)(12)$$

したがって次の命題が成り立ちます．

命題5.7

任意の置換は互換の積として表すことができる．

互換全体の集合をXとおくと，このことを，$\mathcal{S}_n$はXにより生成されるといい，$\mathcal{S}_n = \langle X \rangle$と書きます．少し考えると，$X$を含む$\mathcal{S}_n$の部分群は$\mathcal{S}_n$である，と言い直せることがわかります．このことはさらに次のように精密にすることができます．まず，$i = 1, 2, \ldots, n-1$に対し$\sigma_i = (i, i+1)$とおくと，$1 \leq i < j \leq n$のとき，

$$(i, j) = \sigma_i \sigma_{i+1} \cdots \sigma_{j-2} \sigma_{j-1} \sigma_{j-2} \cdots \sigma_{i+1} \sigma_i$$

が成り立つことがわかります．このことは直接確かめることも容

易ですが，次のあみだくじの図からも，推測することができるでしょう．（あみだくじの横棒があるσ_iに対応している．）

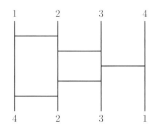

図5.1 $(14) = \sigma_1\sigma_2\sigma_3\sigma_2\sigma_1$に対応するあみだくじ

したがって$S=\{\sigma_1, \sigma_2, \ldots, \sigma_{n-1}\}$とおくと，上で定義した生成するという記号を用いて$\mathcal{S}_n=<S>$となることがわかります．この結果は大切なのでまとめておきましょう．

命題5.8

$\mathcal{S}=\{\sigma_1\sigma_2,\ldots, \sigma_{n-1}\}$を含む$\mathcal{S}_n$の部分群は$\mathcal{S}_n$自身である．

さて，例えば$(13)=(23)(12)(23)$が成り立つことからわかるように，置換を互換の積で表す表し方は一通りではないし，その個数も一意には定まりません．しかし，次が成り立ちます．

命題5.9

置換を互換の積として表したとき，その互換の総数の偶奇性は一意に定まる．

証 明

$\sigma \in \mathcal{S}_n$ に対しその**転倒数**, $\ell(\sigma)$, を次のように定義する：

$$\ell(\sigma) = \#\{(i,j) \mid 1 \leq i < j \leq n, \sigma(i) > \sigma(j)\}$$

ここで $\#\{*\}$ は集合 $\{*\}$ の元の数を表す．

また $X_1, X_2, \ldots, X_n$ を変数として実数係数 n 変数多項式

$$\begin{aligned} f &= f(X_1, X_2, \cdots, X_n) \\ &= aX_1^{e_1}X_2^{e_2}\cdots X_n^{e_n} + bX_1^{f_1}X_2^{f_2}\cdots X_n^{f_n} + \cdots \end{aligned}$$

と置換 $\sigma \in \mathcal{S}_n$ に対し新しい多項式 $\sigma(f)$ を

$$\sigma(f) = aX_{\sigma(1)}^{e_1}X_{\sigma(2)}^{e_2}\cdots X_{\sigma(n)}^{e_n} + bX_{\sigma(1)}^{f_1}X_{\sigma(2)}^{f_2}\cdots X_{\sigma(n)}^{f_n} + \cdots$$

により定める．すると置換の積の定義から数字 i, $1 \leq i \leq n$, および $\sigma, \tau \in \mathcal{S}_n$ に対し $(\sigma\tau)(i) = \sigma(\tau(i))$ なので $(\sigma\tau)(f) = \sigma(\tau(f))$ が成り立つ．差積

$$\Delta = \Delta(X_1, X_2, \cdots, X_n) = \prod_{1 \leq i < j \leq n}(X_i - X_j)$$

に対し

$$\sigma(\Delta) = (-1)^{\ell(\sigma)}\Delta \tag{5.1}$$

なので，$(\sigma\tau)(\Delta) = \sigma(\tau(\Delta))$ より

$$(-1)^{\ell(\sigma\tau)} = (-1)^{\ell(\sigma)}(-1)^{\ell(\tau)} \tag{5.2}$$

を得る.一方,互換 $\tau = (ij), i<j,$ に対し $\ell(\tau) = 2(j-i) - 1$ であることは容易にわかる.したがって $\sigma = \tau_1\tau_2\cdots\tau_k, \tau_i$ は互換,と表されているとき,(5.2) を繰り返し使うことにより $\sigma(\Delta) = (-1)^k$ を得る.一方 (5.1) より $\sigma(\Delta) = (-1)^{\ell(\sigma)}$ なので,k と $\ell(\sigma)$ はともに偶数か,ともに奇数かでなければならない.$\ell(\sigma)$ は σ により一意に定まる数なので,したがって σ を互換の積として表したときにその個数の偶奇性は一意に定まる. □

偶数個の互換の積として表される置換を偶置換と呼び,奇数個の互換の積として表される置換を奇置換と呼びます.

例えば $\mathcal{S}_3$ では例5.2の記号で $\tau_0 = 1$, $\tau_3 = (132)$, $\tau_4 = (123)$ が偶置換,$\tau_1 = (12)$, $\tau_2 = (23)$, $\tau_5 = (13)$ が奇置換です.

明らかに偶置換2つの積は偶置換,また互換の逆元は自分自身なので,偶置換の逆元も偶置換です.したがって $\mathcal{S}_n$ の偶置換全体は部分群をなします.n 次**交代群**といい $\mathcal{A}_n$ と書きます.これも大変重要な群です.

対称群 $\mathcal{S}_n$ から $\{\pm 1\}$ への符号と呼ばれる写像 sgn を

$$\mathrm{sgn}(\sigma) = \begin{cases} 1, & (\sigma \text{ が偶置換のとき}) \\ -1, & (\sigma \text{ が奇置換のとき}) \end{cases}$$

と定義します.すると,**命題5.9** より sgn は群準同型写像であることがわかり,また $\mathcal{A}_n = \{\sigma \in \mathcal{S}_n \mid \mathrm{sgn}(\sigma) = 1\}$ となっています.

5.3.3 2重対称群

$2n$ 個の文字 $X=\{1, 2, ..., n, 1', 2', ..., n'\}$ の置換で,しかも,次の制約がある置換 σ の全体を考えましょう. $1 \leq i, j \leq n$ に対し

$$\sigma(i)=j \Rightarrow \sigma(i')=j', \text{ かつ, } \sigma(i)=j' \Rightarrow \sigma(i')=j$$

この制約を満たす $\mathcal{S}_{2n}$ の部分集合全体を $\mathcal{T}_n$ と書くと,$\mathcal{T}_n$ が部分群であることは容易に確かめられます.この群の位数を考えましょう.

$\mathcal{T}_n$ の元による 1 の行き先を考えると,$2n$ 個の全ての文字が可能ですが,このとき $1'$ の行き先も自動的に定まります.次に 2 の行き先は 1 と $1'$ の行き先を除いた,$2(n-1)$ 個の文字の可能性があります.このように続けて考えることにより,$\mathcal{T}_n$ の位数は

$$2n \cdot 2(n-1) \cdot \cdots \cdot 4 \cdot 2 = 2^n n!$$

であることがわかります.

さて $t_1=(12)(1'2')$, $t_2=(23)(2'3'),..., t_{n-1}=((n-1)n)((n-1)'n')$, $t_n=(nn')$,

$$T=\{t_1, t_2, ..., t_{n-1}, t_n\}$$

とおくと,T は $\mathcal{T}_n$ を生成していることが確かめられます.

問題5.8 このことを示せ.

注 普通 $\mathcal{T}_n$ は B_n 型 Coxeter 群と呼ばれ,$W(B_n)$ と書かれます.第7章を参照してください.

5.4 正多面体の同型群

正多面体を正多面体に移す対称性の全体を考えると，その対称性全体は群をなします．ここでは長さを変えない変換（合同変換，第6章参照）だけを考えます．このような正多面体Pの対称性全体のなす群を$Sym(P)$と書くことにします．また$Sym(P)$の元を，対称性というより，より数学的にはっきりする同型変換と呼ぶことにしましょう．さらに面の数をnとし，P_nで正n面体を表すことにします．

5.4.1　P_4

4つの頂点は同型変換により4つの頂点に移ります．また頂点の行き先を決めることにより同型変換は一意に定まります．したがって，$Sym(P_4)$は$\mathcal{S}_4$の部分群に同型です．

さて4つの頂点に図のようにA, B, C, Dと名前をつけましょう．

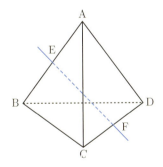

図5.2　正4面体

同型変換で考えられるのは，まず回転です．頂点Aと底面の正三角形BCDの中心を結ぶ軸を中心として120度および240度の回転があります．これはどの頂点で考えても同じことなので，$4\times 2=8$個の回転対称があります．次に線分ABと線分CDの中点をそれぞれE, Fとすると，AB, CD, EFはどの2つも直交しています．したがって直線EFを回転の軸として180度回転すると，P_4はまたP_4に重なるので同型変換です．線分の組AD, BCおよびAC, BDでも同じ議論ができるので，P_4は3つの180度の回転対称をもちます．恒等変換も回転対称と思えるので全部で12個の回転対称が得られたことになります．

　次に3点A, B, Fを通る平面を考え，この平面に関する鏡映変換を考えます．CDがこの平面に直交し，点Fが線分CDの中点であることから，この鏡映変換によりA, Bは固定され，CとDは入れ替わることがわかります．つまり，この鏡映変換はP_4の同型変換です．このような鏡映変換は各辺に対応して全部で6つあります．したがって$Sym(P_4)$の位数は18以上です．一方，Lagrangeの定理(p.77 **定理5.2**)より，$Sym(P_4)$の位数は$\mathcal{S}_4$の位数の約数で，$\mathcal{S}_4$の位数は24ですから$Sym(P_4) \cong \mathcal{S}_4$がわかります．

　このことは，$Sym(P_4)$は，鏡映に対応する，すべての2文字の互換を含むことからも，確かめられます．

　さらに$A\to 1, B\to 2, C\to 3, D\to 4$と対応させると$Sym(P_4)$の回転全体は$\mathcal{A}_4$と同型であることも確かめることができます．

　また，上に構成した以外の残り6つの変換は位数4の巡回置換に対応するもので，回転と鏡映を組み合わせれば作ることができ

ます．

問題5.9

AB, CD, EFはどの2つも直交していることをベクトルを用いて示せ．また回転と鏡映を組み合わせると，例えば（A→B→C→D→A）のような変換が構成できることを確かめよ．

5.4.2 P_6とP_8

P_6は立方体であり，その6つの面の中点を面が接している場合に結ぶと，6つの頂点を持つ，正8面体ができます．

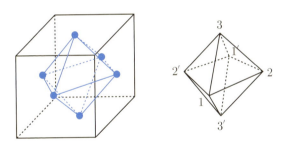

図5.3 正6面体と正8面体

したがって，このようにP_6とP_8をおくと，同型群は一致することがわかります．よって$Sym(P_8)$のみ考えることにします．

正8面体の頂点に図のように$\{1, 2, 3, 1', 2', 3'\}$と名前を付けます．すると，直ちにわかるように，$Sym(P_8)$は3次2重対称群$\mathcal{T}_3$のある部分群と同型です．

1と2の中点，および3, 3′ を通る平面に関する鏡映は置換 (12)(1′2′) に対応し，同様に2と3の中点，および1, 1′ を通る平面に関する鏡映は置換 (23)(2′3′) に対応します．さらに1, 1′, 2, 2′ を通る平面に関する鏡映は (33′) に対応します．したがって **5.3.3** より，$Sym(P_8)$ は $\mathcal{T}_3$ と同型で，位数は48です．

この中に含まれる回転対称について考えましょう．

1, 1′ を通る直線を軸として，90度，180度，270度の回転があります．これは2, 2′, 3, 3′ としても同様です．相対する平行な面，例えば正三角形123と1′2′3′, の中心を結ぶ直線を軸とする回転が120度と240度のものがあります．これら平行する面の組の数が4組存在します．さらに平行な辺の組，例えば12と1′2′, の中点を結ぶ直線を軸とする180度の回転が全部で6個あります．したがって恒等変換と合わせて，回転対称は全部で

$$1+3\times 3+4\times 2+6\times 1=24$$

存在することがわかります．

5.4.3 P_{12} と P_{20}

P_{12} の各面の中心を頂点とする多角形は P_{20} となり，また逆に P_{20} の各面の中心を頂点とする多角形は P_{12} となります．したがって，この2つの正多面体の同型群は，P_6 と P_8 の場合と同様に，同型です．P_{12} を考えましょう．

図のように P_{12} の中心に関して i と i', $(1 \leq i \leq 10)$, が対称になるように頂点に番号を付けます．

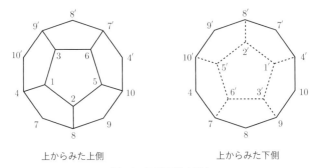

図5.4 正12面体の頂点

　P_8 の場合と同じように，$Sym(P_{12})$ は $\mathcal{T}_{10}$ の部分群と同型であることはすぐわかります．しかし，今回は $\mathcal{T}_{10}$ 全体と同型にはなりません．位数を考えてみましょう．1つの頂点と，その点に辺でつながっている3つの頂点，合わせて4つの頂点の組を考えましょう．例えば図で頂点 $(1, 2, 3, 4)$ をとります．この組の行き先により同型変換はただ1つ定まります．これを (p_1, p_2, p_3, p_4) としましょう．

　さて回転により任意の頂点が移りあうことは明らかでしょう．ですから p_1 は20通りの可能性があります．p_2 は p_1 に辺でつながっている頂点なので3通りの可能性があります．また p_3 は (p_2, p_3, p_4) が図の $(2, 3, 4)$ と同じ反時計回りであるか，あるいは時計回りであるかにより，2通りの可能性があります．実際に時計回りを実現する同型変換は存在します．例えば，頂点3, 4の中点を仮に3.5として，3点1, 2, 3.5を通る平面に関する鏡映を考えるとこれは P_{12} の同型変換で，頂点1, 2を固定し，3, 4を入

れ替えるので，(1, 2, 3, 4)が(1, 2, 4, 3)に移り(2, 4, 3)は時計回りです．

さてp_1, p_2, p_3が決まるとp_4は一意に定まります．

以上の考察から$Sym(P_{12})$の位数は

$$20 \times 3 \times 2 = 120$$

であることがわかりました．実は$Sym(P_{12})$は第7章に現れるH_3型Coxeter群です．

他の多面体の同型群と同じように，回転対称の数も考えてみましょう．

まず相対する面の中心を通る直線を軸とする$360/5 = 72$度の倍数の回転があります．相対する面の組は6なので，$4 \times 6 = 24$の回転がまずあります．

相対する辺の組は15あるので，この各々の辺の中点を結ぶ直線を軸とする180度の回転も15あります．

多面体の中心に関して相対する頂点の組は10組あり，相対する頂点を通る直線を軸とする120度および240度の回転があります．以上より，恒等変換も含めた回転対称の総数は

$$1 + 24 + 15 + 2 \times 10 = 60$$

です．

他の多面体の同型変換群と同様に，回転対称の総数は同型変換のちょうど半分であることがわかりました．

このことは次のように述べることができます．

命題5.10

群 $Sym(P_n)$ の回転対称全体は部分群をなす.この部分群を $Sym^\circ(P_n)$ と表すことにすると,$[Sym(P_n):Sym^\circ(P_n)]=2$ である.

部分群であることは次章の**定理6.4**,および,そのあとの注意を見てください.指数が2であることは,そこからも示せますが,今までの議論ですでに数え上げて示しています.

なお,正多面体の対称性はConway記号を用いても表すことができます.鏡映面を考えると第3章のようにして,Conway記号との対応がわかります.この節で得られたことと合わせてまとめておきましょう.

定理5.11

$Sym(P_4) \cong \mathcal{S}_4$,対応するConway記号 ***332**

$Sym(P_6) \cong Sym(P_8) \cong \mathcal{T}_3$,対応するConway記号 ***432**

$Sym(P_{12}) \cong Sym(P_{20}) \cong W(H_3)$[3],対応するConway記号 ***532**

次章では合同変換について,さらに詳しく見ていきましょう.

---

3 $Sym(P_{12}) \cong W(H_3)$ は第7章で説明します.

第6章 合同変換と直交行列

平面や空間の図形を調べるときに，座標を決めて考えると便利であり，またそうしないと，詳細な研究を行うことはできません．この章では座標を決めて，今まで考えて来た同型変換がどのように表されるか，見て行きましょう．そのためにはある程度，行列と複素数の性質に関する知識が必要となります．記述を簡明化するため，いくつかのことは本文では既知と仮定しました．複素数については高校の教科書にある程度のことですが，行列と行列式については巻末の文献などで必要な部分を参照してください．

6.1 平面の合同変換

6.1.1 合同変換

直線に原点 O と単位の長さを与える点 E_1 を定めると，すべての直線上の点と実数 $\mathbb{R}$ とは1対1に対応します．

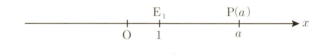

図6.1　数直線

平面の場合も同様に原点Oと直交座標軸上に単位の点 E_1, E_2 を図のように定めると，平面上の点と実数の組 $\mathbb{R}^2 = \{(x, y) | x, y \in \mathbb{R}\}$ とは1対1に対応します．

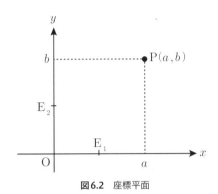

図6.2 座標平面

よく知られているように，点に対応する実数の組をその点の座標といい，点Pの座標が (a, b) であるとき，点P(a, b) のように書きます．2点P(a, b), Q(c, d) の間の距離は，ピタゴラスの定理から

$$\sqrt{(a-c)^2 + (b-d)^2}$$

で与えられます．この距離を $d(\mathrm{P}, \mathrm{Q})$ と書きましょう．次の性質が成り立つことは簡単に示すことができます．

1. $d(\mathrm{P}, \mathrm{Q}) \geq 0.$　$d(\mathrm{P}, \mathrm{Q}) = 0 \Leftrightarrow \mathrm{P} = \mathrm{Q}$
2. $d(\mathrm{P}, \mathrm{Q}) = d(\mathrm{Q}, \mathrm{P})$
3. $d(\mathrm{P}, \mathrm{Q}) + d(\mathrm{Q}, \mathrm{R}) \geq d(\mathrm{P}, \mathrm{R})$

3番目の性質は3角不等式と呼ばれ，「三角形の2辺の長さの和

は他の辺の長さより大きい」という事実に対応しています．

さて，このように座標系が定義された平面をE^2と書きましょう．E^2からE^2への写像で距離を保存するものを，**合同変換**と呼びます．同じことですが，写像$f: E^2 \to E^2$で，任意のP, Q$\in E^2$に対し

$$d(f(\mathrm{P}), f(\mathrm{Q})) = d(\mathrm{P}, \mathrm{Q})$$

となるものを，合同変換といいます．3辺の長さが等しい2つの三角形は合同です．ですから，合同変換fと任意の$\triangle$PQRに対し

$$\triangle f(\mathrm{P})f(\mathrm{Q})f(\mathrm{R}) \equiv \triangle \mathrm{PQR}$$

となります．合同変換と呼ばれる所以です．

問題6.1

平面E^2の2つの合同変換の合成写像はまた合同変換であることを示せ．

合同変換fに対し$f(\mathrm{O}) = \mathrm{P}_0(a, b)$とします．平行移動

$$t_{(a, b)} : E^2 \to E^2, \mathrm{P}(x, y) \mapsto \mathrm{P}(x+a, y+b)$$

は明らかに合同変換です．2つの合同変換fと平行移動$t_{(-a, -b)}$の合成写像$f_0 = t_{(-a, -b)} \circ f$を考えると次のように$f_0$は原点を固定します．

$$f_0(\mathrm{O}) = (t_{(-a,-b)} \circ f)(\mathrm{O}) = t_{(-a,-b)}(f(\mathrm{O}))$$
$$= t_{(-a,-b)}(\mathrm{P}(a, b)) = \mathrm{O}$$

平行移動 $t_{(a,b)}$ の逆元は $t_{(-a,-b)}$ なので

$$f = t_{(a,b)} \circ f_0 \tag{6.1}$$

が成立します．平行移動は原点Oの行き先により一意的に定まるので，その点の座標により決まり，したがって平行移動全体は $\mathbb{R}^2$ と1対1に対応しています．ですから合同変換を調べるには原点を固定する合同変換を考えれば良いことがわかります．そのためには，ベクトルを使って考えると見通しがよくなります．

6.1.2 ベクトル

ベクトルについて簡単に復習しましょう．線分に向きを考えたものを有向線分というのでした．おおざっぱに言うと，有向線分の始点と終点を忘れ，大きさと向きだけを考えたものがベクトルです．[1]

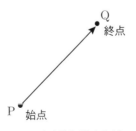

図6.3 有向線分（始点終点）

---

1 厳密には有向線分全体の集合を考え，向きと大きさが同じ時に同値とし，この同値類がベクトルです．

有向線分PQが定めるベクトルを$\overrightarrow{PQ}$と書きます．$\overrightarrow{PQ}=\overrightarrow{RS}$とは，2つのベクトルの大きさと方向が同じということなので，4点P, Q, R, Sが同一直線上になければ，四角形PQSRが平行四辺形である，ということと同値です．同一直線上の場合は向きと大きさが同じ有向線分ということで，平行四辺形がつぶれたものと見ることもできます．

ベクトルには始点，終点がないので，一般的には$\vec{a}$のように書き，ベクトルの大きさを$\|\vec{a}\|$と書きます．[2]

有向線分が与えられるとベクトルが定まるのですが，逆にベクトル$\vec{a}$と点Pが与えられると$\vec{a}=\overrightarrow{PQ}$となる点Qが一意に定まります．このことは以後の議論でよく使います．

$\vec{a}=\overrightarrow{PQ}$のとき$\|\vec{a}\|=d(P, Q)$です．

また$\overrightarrow{PP}=\vec{0}$と書き，零ベクトルといいます．$\|\vec{0}\|=0$です．

今までの議論は実は空間で考えても良いのですが，平面上で考えていることをはっきりさせる必要があるときは，ベクトルの代わりに平面ベクトルといい，また平面ベクトル全体の集合をV^2と書くことにします．

V^2には和，スカラー倍，内積，という演算を定義することができます．1つずつ見て行きましょう．

和：$\vec{a}+\vec{b}$は次のように考えます．まず$\vec{a}=\overrightarrow{PQ}$とします．このとき$\vec{b}=\overrightarrow{QR}$となるように点Rを定めます．このとき

---

[2] 大きさを表すために$|\vec{a}|$と書く流儀もありますが，ここでは2本棒を使うことにします．

$$\vec{a} + \vec{b} = \overrightarrow{\mathrm{PR}}$$

と定めます.

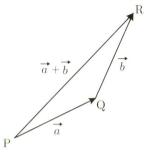

図6.4 ベクトルの和

ベクトルの和について次の性質が成り立ちます.まず$\vec{a} = \overrightarrow{\mathrm{PQ}}$に対し$-\vec{a} = \overrightarrow{\mathrm{QP}}$であることに注意します.

(1) $(\vec{a} + \vec{b}) + \vec{c} = \vec{a} + (\vec{b} + \vec{c})$

(2) $\vec{a} + \vec{0} = \vec{a}$

(3) $\vec{a} + (-\vec{a}) = \vec{0}$

(4) $\vec{a} + \vec{b} = \vec{b} + \vec{a}$

これらの性質が成り立つということは,V^2はアーベル群である,ということに他なりません.

問題6.2 上の性質が成り立っていることを確かめよ.

スカラー倍:$c \in \mathbb{R}$,$\vec{a} \in V^2$に対し$c\vec{a}$を次のように定義します.

$$c\vec{a} = \begin{cases} \text{向きは}\vec{a}\text{と同じで,大きさは}c\,\|\vec{a}\|, & c>0\text{のとき} \\ \vec{0}, & c=0\text{のとき} \\ \text{向きは}\vec{a}\text{と反対向きで,大きさは}|c|\,\|\vec{a}\|, & c<0\text{のとき} \end{cases}$$

スカラー倍については次の性質が成り立ちます. $c, d \in \mathbb{R}$, $\vec{a}, \vec{b} \in V^2$ とすると

(5) $(c+d)\vec{a} = c\vec{a} + d\vec{a}$

(6) $c(\vec{a}+\vec{b}) = c\vec{a} + c\vec{b}$

(7) $(cd)\vec{a} = c(d\vec{a})$

(8) $1\vec{a} = \vec{a}$

V^2 に和とスカラー倍が定義されて性質 (1)〜(8) が成り立つことを V^2 は $\mathbb{R}$ 上のベクトル空間である, といいます.

問題 6.3 性質 (5)〜(8) を示せ.

内積: $\vec{a} \neq \vec{0}, \vec{b} \neq \vec{0}$ に対し, $\vec{a} = \overrightarrow{\mathrm{QP}}, \vec{b} = \overrightarrow{\mathrm{QR}}$ となるように点 P, Q, R をとり, $\angle \mathrm{PQR} = \theta, 0 \leq \theta \leq \pi$ とします. このとき $\vec{a}$ と $\vec{b}$ の内積 $(\vec{a}, \vec{b})$ を

$$(\vec{a}, \vec{b}) = \|\vec{a}\|\|\vec{b}\|\cos\theta$$

と定義します. ただし $\vec{a} = \vec{0}$ または $\vec{b} = \vec{0}$ の場合は $(\vec{a}, \vec{b}) = 0$ とします.

θ を $\vec{a}$ と $\vec{b}$ のなす角と呼びます. $\vec{a} = \vec{0}$ または $\vec{b} = \vec{0}$ のときは, 2 つのベクトルのなす角はないのですが, 便宜的に $\theta = 0$ とする

といちいち断る必要がなくなるので，以後そう約束します．

また $\vec{a}=\vec{b}$ であれば，$\theta=0$ なので，$(\vec{a},\vec{a})=\|\vec{a}\|^2$ であることを注意します．内積について次の性質が成り立ちます．

(1) $(c_1\vec{a_1}+c_2\vec{a_2},\vec{b})=c_1(\vec{a_1},\vec{b})+c_2(\vec{a_2},\vec{b})$
(2) $(\vec{a},\vec{b})=(\vec{b},\vec{a})$
(3) $(\vec{a},\vec{a})\geq 0, (\vec{a},\vec{a})=0 \Leftrightarrow \vec{a}=\vec{0}$

問題6.4 上の性質を示せ．

ベクトルを座標を使って表すことを考えましょう．

平面に原点 O と，そこにおいて直交する 2 つの座標軸を定めます．座標軸（x 軸と y 軸）上の単位となる点を $E_1(1,0)$，$E_2(0,1)$ とし，$\vec{e_1}=\overrightarrow{OE_1}$, $\vec{e_2}=\overrightarrow{OE_2}$ とします．

$P(x_1,y_1)$，$Q(x_2,y_2)$ とすると，ベクトルの和とスカラー倍の定義から

$$\overrightarrow{PQ}=(x_2-x_1)\vec{e_1}+(y_2-y_1)\vec{e_2}$$

となっていることがわかります．したがって，すべてのベクトルは $x\vec{e_1}+y\vec{e_2}$ という形で表すことができます．このベクトルを単純に (x,y) と書きベクトル $x\vec{e_1}+y\vec{e_2}$ の座標といいます．点の座標と紛らわしいですが，誤解を生じそうな場合は，ベクトルの座標と明示することにします．多少の紛らわしさより，単純な記号による視覚に対するわかり易さを選ぼうというわけです．

さてベクトルの座標を用いると，和，スカラー倍，内積，は次

のように表すことができます：

$\vec{a} = (a_1, a_2), \vec{b} = (b_1, b_2)$ とすると

(1) $\vec{a} + \vec{b} = (a_1 + b_1, a_2 + b_2)$
(2) $c\vec{a} = (ca_1, ca_2)$
(3) $(\vec{a}, \vec{b}) = a_1 b_1 + a_2 b_2$

(1), (2) は明らかでしょう．

(3) の証明：θ を $\vec{a}$ と $\vec{b}$ のなす角とすると余弦定理から

$$\|\vec{b} - \vec{a}\|^2 = \|\vec{a}\|^2 + \|\vec{b}\|^2 - 2\|\vec{a}\|\|\vec{b}\|\cos\theta$$

である．ところで $\|\vec{a}\| = \sqrt{a_1^2 + a_2^2}$ であり

$$(\vec{a}, \vec{b}) = \|\vec{a}\|\|\vec{b}\|\cos\theta$$

であるから，これらを上式に代入して

$$(b_1 - a_1)^2 + (b_2 - a_2)^2 = (a_1^2 + a_2^2) + (b_1^2 + b_2^2) - 2(\vec{a}, \vec{b})$$

となる．これを整理して (3) を得る． □

6.1.3 ベクトルと合同変換

ベクトルの準備が終わったので，再度，合同変換に戻りましょう．

平面 E^2 の変換で，全ての2点間の距離を変えないものが合同変換でした．f を合同変換とすると，任意の三角形を合同な三角形に移します．したがって平行四辺形も合同な平行四辺形に移ることがわかります．4点 P, Q, R, S が一直線上になく $\overrightarrow{PQ} = \overrightarrow{RS}$ という関

係があれば，四角形PQSRは平行四辺形で$f(P)f(Q)f(S)f(R)$と合同になります．よって$\overrightarrow{f(P)f(Q)} = \overrightarrow{f(R)f(S)}$です．4点P, Q, R, Sが一直線上にある場合は$f(P), f(Q), f(R), f(S)$も一直線上にあり$\overrightarrow{f(P)f(Q)} = \overrightarrow{f(R)f(S)}$であることは容易に確かめることができます．まとめると

$$\overrightarrow{PQ} = \overrightarrow{RS} \Longrightarrow \overrightarrow{f(P)f(Q)} = \overrightarrow{f(R)f(S)}$$

したがって$\vec{a} = \overrightarrow{PQ}$のときベクトル$\overrightarrow{f(P)f(Q)}$は，$\overrightarrow{PQ} = \overrightarrow{RS}$である限り点P, Q, R, Sの取り方に依存しないので，このベクトルを$\mathbf{f}(\vec{a})$と定義することができます．すると，任意の$\vec{a} \in V^2$に対して$\mathbf{f}(\vec{a}) \in V^2$が定まったので$V^2$の変換$\mathbf{f}$が定まりました．

任意の合同変換は原点を固定する変換と平行移動の合成でした（式(6.1)）．平行移動は扱いやすいので，原点を固定する合同変換fを考えましょう．任意のベクトルは始点を原点に取ることができるので，$\vec{a} = \overrightarrow{OP}$とすると

$$\mathbf{f}(\vec{a}) = \overrightarrow{f(O)f(P)} = \overrightarrow{Of(P)}$$

となります．したがってfと$\mathbf{f}$は1対1に対応しています．

V^2の変換$\mathbf{f}$について$\|\mathbf{f}(\vec{a})\| = \|\vec{a}\|$が成り立つことは合同変換と$\mathbf{f}$の定義から明らかです．さらに$f$が三角形を合同な三角形に移すことより，$\mathbf{f}$は2つのベクトルのなす角を保存します．つまり$\vec{a}$と$\vec{b}$のなす角を$\theta$とすると$\mathbf{f}(\vec{a})$と$\mathbf{f}(\vec{b})$のなす角も$\theta$です．したがって内積の定義より

$$(\mathbf{f}(\vec{a}), \mathbf{f}(\vec{b})) = (\vec{a}, \vec{b})$$

が成立します．さらに再び三角形の合同より

$$\mathbf{f}(\vec{a}+\vec{b}) = \mathbf{f}(\vec{a}) + \mathbf{f}(\vec{b}),$$

を得ます．また $c \in \mathbb{R}$ に対し $\vec{a} = \overrightarrow{OP}$, $c\vec{a} = \overrightarrow{OQ}$ となる 2 点 P, Q をとり 3 点 O, P, Q と O, $f(P)$, $f(Q)$ の位置関係を考えることにより

$$\mathbf{f}(c\vec{a}) = c\mathbf{f}(\vec{a})$$

を得ます．この 2 つの性質をまとめると

$$\mathbf{f}(c\vec{a}+d\vec{b}) = c\mathbf{f}(\vec{a}) + d\mathbf{f}(\vec{b})$$

と書くことができ，このことを $\mathbf{f}$ は V^2 の線型変換である，といいます．

問題6.5

$\|\mathbf{f}(c\vec{a}+d\vec{b}) - c\mathbf{f}(\vec{a}) - d\mathbf{f}(\vec{b})\|^2 = 0$ を示すことにより，$\mathbf{f}$ が線型変換であることの別証明を与えよ．

内積を保存する線型変換を直交変換といいます．直交変換は上への 1 対 1 写像（全単射）であることを次のように示すことができます．

証明：

上への写像であること：任意に $\vec{y} \in V^2$ をとる．$\mathbf{f}(\vec{e_1}) = \vec{e_1'}$,

$\mathbf{f}(\vec{e_2}) = \vec{e'_2}$ とおくと,$\vec{e'_1}, \vec{e'_2}$ は互いに直交する長さが 1 のベクトルである.したがって $\vec{y} = a_1\vec{e'_1} + a_2\vec{e'_2}$ と表すことができる.すると $\mathbf{f}$ は線型なので

$$\vec{y} = \mathbf{f}(a_1\vec{e_1} + a_2\vec{e_2})$$

となる.よって $\mathbf{f}$ は上への写像である.

1対1であること:$\mathbf{f}(\vec{a}) = \mathbf{f}(\vec{b})$ とする.$\mathbf{f}$ は線型なので $\mathbf{f}(\vec{a} - \vec{b}) = \vec{0}$ となる.また $\mathbf{f}$ はベクトルの長さを変えないので

$$\|\vec{a} - \vec{b}\| = \|\mathbf{f}(\vec{a} - \vec{b})\| = \|\vec{0}\| = 0$$

であり,したがって $\vec{a} = \vec{b}$ となる. □

以上より直交変換は逆写像を持つことがわかります.

問題6.6

直交変換の逆写像は直交変換であることを示せ.また直交変換の全体は群をなすことを示せ.

平面の直交変換全体のなす群を $\mathrm{O}(V^2)$ と書き,**2次直交群**といいます.

さらに $\mathbf{f}(\overrightarrow{\mathrm{OP}}) = \overrightarrow{\mathrm{O}f(\mathrm{P})}$ であるということは,$\mathbf{f}$ と f はベクトル $\overrightarrow{\mathrm{OP}}$ の座標と,点 P の座標に対し全く同じ作用をする,ということで,座標を通して $\overrightarrow{\mathrm{OP}}$ と P を同一視すれば,$\mathbf{f}$ と f も同一視することができます.したがって,原点を固定する合同変換は,逆

変換を持ち，その逆変換も合同変換で，原点を固定する合同変換全体は群をなすことがわかります．

このことから，一般の合同変換は平行移動と原点を固定する合同変換の合成であったので，任意の合同変換は逆写像をもち，合同変換全体は群をなすこともわかります．平面の合同変換群といいます．

6.1.4　2次直交変換

2次直交変換についてさらに詳しく見て行きましょう．$\mathbf{f} \in O(V^2)$ とします．$\mathbf{f}$ は線型写像なので $\vec{e_1}$ と $\vec{e_2}$ の行き先により一意的に定まります．

$$\mathbf{f}(\vec{e_1}) = \vec{e_1'} = a\vec{e_1} + b\vec{e_2} \tag{6.2}$$

$$\mathbf{f}(\vec{e_2}) = \vec{e_2'} = c\vec{e_1} + d\vec{e_2} \tag{6.3}$$

とします．$\mathbf{f}$ は内積，したがってベクトルの長さも変えず，$\|\vec{e_1}\| = \|\vec{e_2}\| = 1, (\vec{e_1}, \vec{e_2}) = 0$ なので

$$a^2 + b^2 = c^2 + d^2 = 1, \ ac + bd = 0$$

となります．よって $a = \cos\theta, b = \sin\theta, c = \sin\varphi, d = \cos\varphi$ となる θ, φ が存在し，三角関数の加法定理から $0 = ac + bd = \sin(\theta + \varphi)$ となります．したがって

$$\theta + \varphi = 2k\pi, \text{ または } \pi + 2k'\pi$$

となる整数 k, k' が存在し，よって

$$c = \sin\varphi = \sin(-\theta) = -\sin\theta = -b,$$

$$d = \cos\varphi = \cos(-\theta) = \cos\theta = a$$

または

$$c = \sin(-\theta + \pi) = \sin\theta = b,$$
$$d = \cos(-\theta + \pi) = -\cos\theta = -a$$

のいずれかが成り立ちます．このとき $ad - bc = a^2 + b^2 = 1$ または $ad - bc = -a^2 - b^2 = -1$ です．

$ad - bc = 1$ のとき，図からわかるように，$\mathbf{f}$ は角度 θ の回転です．

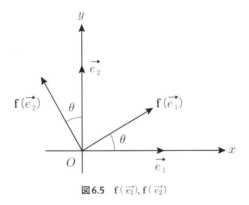

図6.5 $\mathbf{f}(\vec{e_1}), \mathbf{f}(\vec{e_2})$

$ad - bc = -1$ のとき，$c = b, d = -a$ で

$$\begin{aligned}
\mathbf{f}(\vec{e_1'}) &= \mathbf{f}(a\vec{e_1} + b\vec{e_2}) \\
&= a\vec{e_1'} + b\vec{e_2'} \\
&= a(a\vec{e_1} + b\vec{e_2}) + b(c\vec{e_1} + d\vec{e_2}) \\
&= (a^2 + b^2)\vec{e_1} + (ab - ba)\vec{e_2} \\
&= \vec{e_1}
\end{aligned}$$

です．同様に $\mathbf{f}(\overrightarrow{e'_2}) = \overrightarrow{e_2}$ となるので，1_{V^2} を V^2 の恒等変換とすると，$\mathbf{f}^2 = 1_{V^2}$ を得ます．$\overrightarrow{e_1} \neq \pm\overrightarrow{e'_1}$ のとき

$$\overrightarrow{x} = \overrightarrow{e_1} + \overrightarrow{e'_1}, \overrightarrow{y} = \overrightarrow{e_1} - \overrightarrow{e'_1}$$

とおくと，$\overrightarrow{x} \neq \overrightarrow{0}, \overrightarrow{y} \neq \overrightarrow{0}, (\overrightarrow{x}, \overrightarrow{y}) = 0$ で

$$\mathbf{f}(\overrightarrow{x}) = \overrightarrow{x}, \mathbf{f}(\overrightarrow{y}) = -\overrightarrow{y}$$

です．したがって $\mathbf{f}$ は，$\overrightarrow{x}$ 方向の直線を固定し，それと直交する $\overrightarrow{y}$ 方向の直線の向きを反対向きにします．つまり $\overrightarrow{x}$ 方向の直線を固定する折り返し，鏡映であることがわかりました．

$\overrightarrow{e_1} = \overrightarrow{e'_1}$ のときは，$\overrightarrow{x} = \overrightarrow{e_1}, \overrightarrow{y} = \overrightarrow{e_2}$，$\overrightarrow{e_1} = -\overrightarrow{e'_1}$ のときは，$\overrightarrow{x} = \overrightarrow{e_2}, \overrightarrow{y} = \overrightarrow{e_1}$ とすれば，やはり $\mathbf{f}$ は $\overrightarrow{x}$ 方向の直線を固定する折り返しです．

以上より，原点を固定する合同変換は回転か折り返しかのいずれかであることがわかりました．

定理6.1

平面のすべての合同変換は回転と平行移動の合成，または折り返しと平行移動の合成として得られる．

今までの平面の議論を空間など高次元に拡張しようとすると，行列と行列式の理論を使わなければなりません．平面の場合は2行2列の簡単な行列でよいので，あまり使わなくとも議論ができ

るのですが，3次以上の議論の準備のためにも，行列を使って今までの議論を振り返ってみましょう．

ここで使う行列と行列式の基本的なことに不慣れな人は「おわりに」の引用文献（特に齋藤[8]など）を参照してください．

直交変換$\mathbf{f}$の$\vec{e_1}$, $\vec{e_2}$に対する像を式(6.2), (6.3)のように定めます．このとき次の行列Fが$\vec{e_1}$, $\vec{e_2}$に関する$\mathbf{f}$の行列表示となります．

$$F = \begin{pmatrix} a & c \\ b & d \end{pmatrix}$$

Fの固有方程式はtを未知数として

$$t^2 - (a+d)t + ad - bc = 0$$

となります．したがって$\mathbf{f}$が回転のとき$ad-bc=1$, $d=a$, $c=-b$ですから固有方程式は$t^2-2at+1=0$となり，固有値は$t=a\pm\sqrt{a^2-1}=a\pm b\sqrt{-1}$となります．さらに$\mathbf{f}$が$\theta$の回転の時は$a=\cos\theta$, $b=\sin\theta$なので，Eulerの関係式[3]を使うと固有値は$\cos\theta\pm i\sin\theta=e^{\pm\theta i}$となります．ただし，$i=\sqrt{-1}$です．

$\mathbf{f}$が折り返しの時は$ad-bc=-1$, $d=-a$, $c=b$ですから，固有方程式は$t^2-1=0$となり，固有値は$t=\pm 1$となります．

問題6.7 $t=\pm 1$に対応する固有ベクトルを求めよ．

---

[3] すべての実数xに対し$e^{ix}=\cos x+i\sin x$

6.2 空間の直交変換

この節の多くの議論は，平面の場合と同様に成立します．その場合には詳細を確かめることは読者に委ね，概略のみ記すこととします．

6.2.1 空間の合同変換

空間 E^3 に原点 O と，そこにおいて直交する 3 本の座標軸を定めます．また各座標軸の単位となる点を $E_1(1, 0, 0)$, $E_2(0, 1, 0)$, $E_3(0, 0, 1)$ とします．

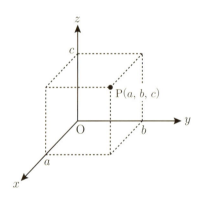

図 6.6 座標空間

平面の場合と同様に，点 $P_1(a_1, b_1, c_1)$ と点 $P_2(a_2, b_2, c_2)$ との距離を

$$d(P_1, P_2) = \sqrt{(a_1 - a_2)^2 + (b_1 - b_2)^2 + (c_1 - c_2)^2}$$

とします．E^3 の変換 f で，すべての 2 点 P_1, P_2 の間の距離を変え

ぬもの，つまり

$$d(f(\mathrm{P}_1), f(\mathrm{P}_2)) = d(\mathrm{P}_1, \mathrm{P}_2)$$

となるものを，合同変換といいます．空間の場合も式(6.1)の証明がそのまま適用でき，したがって次が成り立ちます．

定理6.2

任意の合同変換は，原点を固定する合同変換と，平行移動の合成写像として得られる．

6.2.2 空間のベクトルと直交変換

平面の場合と同様に，空間における有向線分に対し，その位置を問題にせず，長さと方向だけを考えたものを(空間)ベクトルといいます．より正確な定義も，平面の場合と同じです．

空間ベクトル全体の集合をV^3とすると，これも平面の場合と同様に，V^3に和，スカラー倍，内積，が定義されます．

直交座標系を用い

$$\vec{e_1} = \overrightarrow{\mathrm{OE}_1}, \vec{e_2} = \overrightarrow{\mathrm{OE}_2}, \vec{e_3} = \overrightarrow{\mathrm{OE}_3}$$

とおくと，V^3のベクトル$\vec{v}$は

$$\vec{v} = x\vec{e_1} + y\vec{e_2} + z\vec{e_3} \qquad x, y, z \subset \mathbb{R}$$

と，ただ一通りに表されます．[4] $\vec{v} = (x, y, z)$とも書き(x, y, z)

---

[4] このようにすべてのベクトルをただ一通りに表す$\vec{e_1}, \vec{e_2}, \vec{e_3}$のようなベクトルの組を**基底**といいます．

を$\vec{v}$の座標といいます.ベクトルの座標を使うと和,スカラー倍,内積は次のようになります.$\vec{a}=(a_1, a_2, a_3), \vec{b}=(b_1, b_2, b_3)$とすると

(1) $\vec{a}+\vec{b}=(a_1+b_1, a_2+b_2, a_3+b_3)$
(2) $c\vec{a}=(ca_1, ca_2, ca_3)$
(3) $(\vec{a}, \vec{b})=a_1b_1+a_2b_2+a_3b_3$

(3)が成り立つことは平面の場合と同様に証明できます.

空間の合同変換 f があると,V^3 の変換 $\mathbf{f}$ を次のように定めることができます.任意の $\vec{v}$ は,$\vec{v}=\overrightarrow{\mathrm{PQ}}$ と表されるので

$$\mathbf{f}(\vec{v})=\overrightarrow{f(\mathrm{P})f(\mathrm{Q})}$$

とするのです.すると $\mathbf{f}$ は V^3 の線型自己同型変換で内積を変えません.つまり,すべての $\vec{a},\vec{b}\in V^3$ に対し,

$$(\mathbf{f}(\vec{a}),\mathbf{f}(\vec{b}))=(\vec{a},\vec{b}) \tag{6.4}$$

このような変換を直交変換といい,直交変換全体の集合を $O(V^3)$ と表します.$O(V^3)$ は写像の合成で群をなし,3次直交群と呼ばれます.

さて $\mathbf{f}$ の,V^3 の3つのベクトル $\vec{e_1}, \vec{e_2}, \vec{e_3}$ に関する表現行列を F としましょう.すなわち

$$\mathbf{f}(\vec{e_j})=a_{1j}\vec{e_1}+a_{2j}\vec{e_2}+a_{3j}\vec{e_3}, \quad j=1,2,3 \tag{6.5}$$

と表されるとき

$$F = \begin{pmatrix} a_{11} & a_{12} & a_{13} \\ a_{21} & a_{22} & a_{23} \\ a_{31} & a_{32} & a_{33} \end{pmatrix}$$

と定義されます．I_3を3次単位行列$\begin{pmatrix} 1 & 0 & 0 \\ 0 & 1 & 0 \\ 0 & 0 & 1 \end{pmatrix}$とすると，$F$の固有多項式は

$$\det(tI_3 - F) = \begin{vmatrix} t - a_{11} & -a_{12} & -a_{13} \\ -a_{21} & t - a_{22} & -a_{23} \\ -a_{31} & -a_{32} & t - a_{33} \end{vmatrix}$$

ですが，この多項式は基底の取り方にかかわらず一定であることが知られています．[5] したがってこの多項式を$\varphi_\mathbf{f}(t)$と書き，$\mathbf{f}$の固有多項式といいます．

$$\varphi_\mathbf{f}(t) = t^3 - c_1 t^2 + c_2 t - c_3,$$
$$c_1 = a_{11} + a_{22} + a_{33},$$
$$c_2 = \sum_{1 \leq i < j \leq 3} \begin{vmatrix} a_{ii} & a_{ij} \\ a_{ji} & a_{jj} \end{vmatrix},$$
$$c_3 = \sum_{\sigma \in \mathcal{S}_3} \mathrm{sgn}(\sigma) a_{1\sigma(1)} a_{2\sigma(2)} a_{3\sigma(3)} = \det F$$

となっています．c_1, c_2, c_3はFの行列成分で表されていますが，他の基底に関する表現行列をとっても不変なのです．特に$c_3 = \det F$なので，この値を$\mathbf{f}$の行列式といい$\det \mathbf{f}$と書きます．線

---
5 例えば齋藤[8]，p.118参照．なお行列式の定義および性質についても齋藤[8]，第3章などを参照してください．

型変換という抽象的な対象を，行列という目に見える計算ができる対象で表して，そこから線型変換本来の性質を抽出した，ということができます．

行列の場合には線型代数学から次のことが知られています．あとで使うのでまとめておきます．

定理6.3

3次正方行列 A について次は同値である．

(1) ある3次正方行列 A' が存在して $AA'=A'A=I_3$ となる．

(2) ある3次正方行列 A' が存在して $AA'=I_3$ となる．

(3) ある3次正方行列 A' が存在して $A'A=I_3$ となる．

(4) $\det A \neq 0$

(5) 3次列ベクトル $\mathbf{x}$ に対し $A\mathbf{x}=\mathbf{0}$ であれば $\mathbf{x}=\mathbf{0}$ となる．

ただし $\mathbf{0}$ は成分がすべて0の3次列ベクトル．

この同値な条件のどれか1つが成り立つとき A は**正則行列**であるといい，(1), (2), または (3) の A' を A の逆行列といって $A'=A^{-1}$ と表す．[6]

さて，ここまでは，すべての線型変換に成り立つことです．直交変換の場合に詳しく見て行きましょう．$\mathbf{f}$ が直交変換だということは，内積を変えないこと，つまり (6.4) が成立することですが，$\mathbf{f}$ が線型であることを使うと，次と同値です：

---

[6] n 次行列でも全く同様です．例えば齋藤 [8]，第2章 §2, [4.1], [5.8], 第3章 [2.11], [3.4] 参照．なお，このことから n 次実正則行列全体は群をなすことがわかります．n 次実一般線型群といい $GL_n(\mathbb{R})$ と表します．

$$(\mathbf{f}(\vec{e_i}), \mathbf{f}(\vec{e_j})) = (\vec{e_i}, \vec{e_j}), \quad i, j = 1, 2, 3 \tag{6.6}$$

(6.5) と $\vec{e_1}, \vec{e_2}, \vec{e_3}$ が互いに直交していることを使って書き直すと

$$a_{1i}a_{1j} + a_{2i}a_{2j} + a_{3i}a_{3j} = \delta_{ij} \quad i, j = 1, 2, 3 \tag{6.7}$$

となり，さらに行列の掛け算を使うと

$${}^tFF = I_3 \tag{6.8}$$

と同値であることがわかります．ここで δ_{ij} は Kronecker のデルタで，$i = j$ のとき $\delta_{ij} = 1$，$i \neq j$ のとき $\delta_{ij} = 0$ を表します．また ${}^tF$ は F の転置行列です．すると行列式の性質を使い

$$\begin{aligned}(\det F)^2 &= \det {}^tF \det F \quad (\because) \det {}^tF = \det F) \\ &= \det {}^tFF \\ &= \det I_3 \\ &= 1,\end{aligned}$$

すなわち $\det F = \pm 1$ となります．

したがって**定理6.3**から F は正則行列であり (6.8) より $F^{-1} = {}^tF$ となります．この F のように，$F^{-1} = {}^tF$ である行列を直交行列といいます．

まず $\det \mathbf{f} = \det F = 1$ のときを考えてみましょう．このとき

$$\begin{aligned}
\det(F-I_3) &= \det{}^tF \det(F-I_3) \\
&= \det({}^tFF - {}^tF) \\
&= \det(I_3 - {}^tF) \\
&= \det{}^t(I_3 - F) \\
&= \det(I_3 - F) \\
&= \det((-I_3)(F-I_3)) \\
&= -\det(F-I_3)
\end{aligned}$$

つまり $\det(F-I_3) = 0$ です．したがって**定理6.3**の (4) と (5) の同値性からある列ベクトル

$$\mathbf{v} = {}^t(v_1, v_2, v_3) \neq {}^t(0,0,0),\ v_i \in \mathbb{R},$$

が存在して $(F-I_3)\mathbf{v} = \mathbf{0}$，すなわち $F\mathbf{v} = \mathbf{v}$ となります．$u_i = v_i / \sqrt{v_1^2 + v_2^2 + v_3^2}$, $i=1,2,3$, として $\vec{u} = u_1 \vec{e_1} + u_2 \vec{e_2} + u_3 \vec{e_3}$ とおくと $\mathbf{f}(\vec{u}) = \vec{u}$ で $\|\vec{u}\| = 1$ となります．

$\vec{u_1} = \vec{u}$ とし，$\vec{u_1}$ と直交し長さが 1 で，さらにお互いに直交するベクトル $\vec{u_2}, \vec{u_3}$ を，$\vec{u_1}, \vec{u_2}, \vec{u_3}$ が右手系をなすように選びます．

さて $\vec{u_2}, \vec{u_3}$ が張る平面を H としましょう．すなわち $H = \{a\vec{u_2} + b\vec{u_3} \mid a, b \in \mathbb{R}\}$ です．$\vec{v} \in V^3$ に対し，明らかに次が成り立ちます：

$$\vec{v} \in H \iff (\vec{u_1}, \vec{v}) = 0$$

したがって任意の $\vec{v} \in H$ に対し

$$(\overrightarrow{u_1}, \mathbf{f}(\overrightarrow{v})) = (\mathbf{f}(\overrightarrow{u_1}), \mathbf{f}(\overrightarrow{v})) = (\overrightarrow{u_1}, \overrightarrow{v}) = 0$$

が成立するので $\mathbf{f}(\overrightarrow{v}) \in H$, よって $\mathbf{f}(H) \subset H$ です. このことから, 特に $\mathbf{f}(\overrightarrow{u_2}) = a\overrightarrow{u_2} + b\overrightarrow{u_3}$, $\mathbf{f}(\overrightarrow{u_3}) = c\overrightarrow{u_2} + d\overrightarrow{u_3}$, $a, b, c, d \in \mathbb{R}$, と表されることがわかります. $\mathbf{f}(\overrightarrow{u_1}) = \overrightarrow{u_1}$ なので $\overrightarrow{u_1}, \overrightarrow{u_2}, \overrightarrow{u_3}$ に関する $\mathbf{f}$ の表現行列 F' は次の形となります：

$$F' = \begin{pmatrix} 1 & 0 & 0 \\ 0 & a & c \\ 0 & b & d \end{pmatrix}$$

$ad - bc = \det F' = \det \mathbf{f} = 1$ なので, 平面の直交変換の議論(**6.1.4**)より, $\mathbf{f}$ は $\overrightarrow{u_1}$ が張る直線を軸とする回転となります.

$\det \mathbf{f} = -1$ のときを考えましょう. 次の式変形からわかるように, まず $\det(\mathbf{f} + id_{V^3}) = 0$ に注意します[7]：

$$-\det(F + I_3) = \det {}^t F \det(F + I_3)$$
$$= \det({}^t F F + {}^t F)$$
$$= \det(I_3 + F)$$

したがって $\det \mathbf{f} = 1$ の場合の議論と同様に長さが1の互いに直交するベクトル $\overrightarrow{u_1}, \overrightarrow{u_2}, \overrightarrow{u_3}$ が存在し, $\mathbf{f}(\overrightarrow{u_1}) = -\overrightarrow{u_1}$, $\mathbf{f}(\overrightarrow{u_2}) = a\overrightarrow{u_2} + b\overrightarrow{u_3}$, $\mathbf{f}(\overrightarrow{u_3}) = c\overrightarrow{u_2} + d\overrightarrow{u_3}$, $a, b, c, d \in \mathbb{R}$, となります. したがって $\overrightarrow{u_1}, \overrightarrow{u_2}, \overrightarrow{u_3}$ に関する $\mathbf{f}$ の表現行列 F' は

---

[7] id_{V^3} は V^3 の恒等変換です. p.80参照.

$$F' = \begin{pmatrix} -1 & 0 & 0 \\ 0 & a & c \\ 0 & b & d \end{pmatrix}$$

となります．$ad-bc=-\det F'=-\det \mathbf{f}=1$なので，$\mathbf{f}$は$\overrightarrow{u_2}$, $\overrightarrow{u_3}$が張る平面Hに関する鏡映と$\overrightarrow{u_1}$が張る直線を回転の軸とする回転の合成となります．以上で次の定理が証明されました．

定理6.4

$\mathbf{f}$をV^3の直交変換とすると$\det \mathbf{f}=\pm 1$である．

$\det \mathbf{f}=1$のとき，$\mathbf{f}$は原点を通るある直線を軸とする回転である．

$\det \mathbf{f}=-1$のとき，$\mathbf{f}$は原点を通るある平面に関する鏡映と，その平面と直交し原点を通る直線を軸とする回転を合成したものである．[8]

$\mathbf{f}_1, \mathbf{f}_2 \in O(V^3)$，$\det \mathbf{f}_1 = \det \mathbf{f}_2 = 1$とすると，

$$\det (\mathbf{f}_1 \circ \mathbf{f}_2) = \det (\mathbf{f}_1) \det (\mathbf{f}_2) = 1$$

なので，直交変換で回転であるもの全体は$O(V^3)$の部分群をなすことがわかります．3次特殊直交群といい$SO(V^3)$と書きます．

なお3次直交行列全体の集合を$O(3)$,

$$O(3) = \{F \in M_3(\mathbb{R}) \mid {}^t\!FF = I_3\},$$

と表し，この中で回転だけからなる部分群を$SO(3) = \{F \in O(3)$

---

[8] 原点を中心とする球面に制限して考えれば第3章で考えたすべり鏡映です．

|det F=1} と書きます．それぞれ **3次直交群**，**3次特殊直交群**（または回転群）と呼ばれます．

6.3 $SO(3)$ の有限部分群

第5章4節では，正多面体群の自己同型群を考えて，その回転からなる部分群について考察しました．この節では，群論を用いて直接 $SO(3)$ の有限部分群を分類しましょう．そのために群の集合への作用について定義と基本的な性質について，まず準備をします．

定義6.1

G を群，G の単位元を1，X を空でない集合とする．写像 $G \times X \to X$, $(g, x) \mapsto gx$ が与えられ[9]次が成立するとき，G は X に作用する，という．

(1) G の任意の元 g, h および X の任意の元 x に対し
  $(gh)x = g(hx)$
(2) X の任意の元 x に対し $1x = x$

群の集合への作用が大切なのは次の性質が成り立つからです．

命題6.5

群 G が集合 X に作用しているとする．このとき $x, y \in X$ に対し，ある $g \in G$ が存在し，$x = gy$ となるとき $x \sim y$ と書くことにする．この関係 $\sim$ は同値関係である．

---

[9] $G \times X$ は G の元 g と X の元 x のすべての組 (g, x) を元とする集合です．G と X の直積集合，または単に直積と呼ばれます．

証明

$x, y, z \in X$ に対し，次を証明すればよい．

(i) $x \sim x$, (ii) $x \sim y \Rightarrow y \sim x$, (iii) $x \sim y, y \sim z \Rightarrow x \sim z$

(i) は作用の定義の (2) より明らか．(ii) を示す．

$$x \sim y \Rightarrow \text{ある } g \in G \text{ に対し } x = gy$$
$$\Rightarrow g^{-1}x = g^{-1}(gy) = (g^{-1}g)y = 1y = y$$
$$\Rightarrow y \sim x$$

(iii) は演習問題とする． □

問題6.8 (iii) を示せ．

さて上の命題から，X は $\sim$ に関する同値類に分割されることがわかりました．$x \in X$ が属する同値類は $Gx = \{gx \mid g \in G\}$ という形をしています．これを x の**軌道** (orbit) といい，$O_G(x)$ と書くことにします．各軌道から1つずつ代表元，x_i，を選ぶと次のように X は分解されます．

$$X = \cup_i O_G(x_i),$$
$$i \neq i' \Rightarrow O_G(x_i) \cap O_G(x_{i'}) = \phi$$

この分解を G の作用による X の軌道分解といいます．

また容易にわかるように x を動かさない G の元全体は G の部分群をなします．x の**固定化群** (stabilizer) といい，$Stab_G(x)$ と書きます．つまり

$$Stab_G(x) = \{g \in G \mid gx = x\}$$

軌道と固定化群の間には次の関係が成り立ち，これが作用を考えるときの基本的な性質です．

定理6.6

群Gが集合Xに作用していて$x \in X$とする．このとき次の写像φが定義され，全単射となる．
$$\varphi : G/Stab_G(x) \to O_G(x), \, gStab_G(x) \mapsto gx$$

証明

$gStab_G(x)$はGの左剰余類であり，この集合の任意の元は$gh, \, h \in Stab_G(x)$，の形をしている．だからすべての$gStab_G(x)$の元に対し，$(gh)x = g(hx) = gx$となるので，$\varphi(gStab_G(x)) = gx$として写像φを定義することができる．

単射であることを示そう．$g_1, g_2 \in G$とする．

$$\varphi(g_1 Stab_G(x)) = \varphi(g_2 Stab_G(x))$$
$$\Rightarrow \quad g_1 x = g_2 x$$
$$\Rightarrow \quad x = g_1^{-1}(g_2 x) = (g_1^{-1} g_2) x$$
$$\Rightarrow \quad g_1^{-1} g_2 \in Stab_G(x)$$
$$\Rightarrow \quad g_1 Stab_G(x) = g_2 Stab_G(x)$$

よって単射である．

全射であることを示そう．任意の$y \in O_G(x)$をとる$O_G(x)$の定義からある$g \in G$があり$y = gx$となる．このとき$\varphi(gStab_G(x)) = gx = y$となるので$\varphi$は全射である． □

有限集合のとき，全単射 $\varphi: X \to Y$ がある，ということは X と Y の元の数が同じということなので，**定理6.6**と**定理5.2**前後の議論から直ちに次の系が得られます．

系6.7

G を有限群とする．すると

$$|G| \ / \ |Stab_G(x)| = |O_G(x)|$$

以上の準備の基に $SO(3)$ の有限部分群の分類をしましょう．[10]

まず $SO(3)$ は球面 $S^2 = \{{}^t(x, y, z) \mid x^2 + y^2 + z^2 = 1\}$ に作用することに注意します．実際 $A \in SO(3)$, $p \in S^2$ とすると，$\|Ap\|^2 = (Ap, Ap) = (p, p) = \|p\|^2 = 1$ ですから，写像

$$SO(3) \times S^2 \to S^2, (A, p) \mapsto Ap$$

が定義できます．**定義6.1**(1)，(2) が成り立つことは行列の掛け算の結合法則および単位行列の性質から明らかでしょう．また，任意の零でないベクトル v は，$v = \|v\|(\|v\|^{-1}v)$ と書け，$\|v\|^{-1}v \in S^2$ なので，$SO(3)$ の各元は S^2 への作用により完全に定まります．

さて $G \subset SO(3)$ を単位群でない有限部分群としましょう．また $I = I_3$ とします．**定理6.4**より $G \ni A \neq I$ であれば A は回転で，

---
10 ここで説明をする群の作用を用いた方法は Weyl[W], Appendix A, を基にしています．

回転軸とS^2はちょうど2点で交わるので，AのS^2上の固定点は2点です．次の集合を考えます．

$$\Sigma = \{(A, p) \mid A \in G, A \neq I, p \in S^2, Ap = p\}$$

この集合の元の数を2通りの方法で数えましょう．$|G| = g$とおきます．各$A \in G, A \neq I$, に対し固定点が2点なので，

$$|\Sigma| = 2(g-1) \tag{6.9}$$

であることがまずわかります．次にΣの元の第2成分に現れる点p全体の集合をXとします．$p \in X$に対し$\{A \in G \mid Ap = p\}$は単位群でない巡回群になり，この位数をλ_pとすると

$$|\Sigma| = \sum_{p \in X}(\lambda_p - 1)$$

となります．

GはXに作用しています．実際，$p \in X$であるための条件は，ある$A, G \ni A \neq I$, の固定点になっていることですが，$F \in G$に対し$(FAF^{-1})Fp = FAp = Fp$が成り立つので，Fpは$FAF^{-1} \in G$, $(FAF^{-1} \neq I)$, の固定点になっているため，$Fp \in X$です．

$$X = O_G(p_1) \sqcup O_G(p_2) \sqcup \cdots \sqcup O_G(p_k)$$

をGの作用によるXの軌道分解としましょう．$p \in O_G(p_i)$とすると，ある$F \in G$があり，$p = Fp_i$となります．このとき$Stab_G(p) = FStab_G(p_i)F^{-1}$が成り立つので$\lambda_p = \lambda_{p_i}$です．この$O_G(p_i)$の各元に共通な固定化群の位数を$\lambda_i$と書くことにしま

しょう. **系6.7**より $\lambda_i |O_G(p_i)| = g$ です. したがって

$$|\Sigma| = \sum_{i=1}^{k} \sum_{p \in O_G(p_i)} (\lambda_p - 1) \qquad (6.10)$$

$$= \sum_{i=1}^{k} |O_G(p_i)|(\lambda_i - 1) \qquad (6.11)$$

$$= \sum_{i=1}^{k} \frac{g}{\lambda_i}(\lambda_i - 1) \qquad (6.12)$$

(6.9) と (6.12) から

$$2 - \frac{2}{g} = \sum_{i=1}^{k} (1 - \frac{1}{\lambda_i}) \qquad (6.13)$$

を得ます.この式はConway記号 **$\lambda_1 \lambda_2 \ldots \lambda_k$** に対する**定理3.1**から得られる等式(3.1)に他なりません.つまり,この場合の魔法の定理の代数的証明が与えられたことになります.解はすでに第3章で求められていて次の通りです.

$k=2$ で,$(g; \lambda_1, \lambda_2) = (n; n, n)$,または $k=3$ で $(g; \lambda_1, \lambda_2, \lambda_3) = (2n; n, 2, 2), (12; 3, 3, 2), (24; 4, 3, 2)$,または $(60; 5, 3, 2)$

$k=2$ のとき G は点 p_1 と点 p_2 を通る軸の回りの回転のなす巡回群です.

$(g; \lambda_1, \lambda_2, \lambda_3) = (2n; n, 2, 2)$ とします.このとき G は,指数が2の n 次巡回群,$Stab_G(p_1)$,を部分群とし,この巡回群と異なる回転の軸を持つ位数2の部分群,例えば $Stab_G(p_2)$,を持ちます.$|O_G(p_1)| = 2$ なので,$O_G(p_1) = \{p_1, p'_1\}$ とおき,

$A \in Stab_G(p_2)$, $A \neq I$, とすると $A^2 = I$, $A \notin Stab_G(p_1)$ なので $Ap_1 = p'_1$ です.したがって A の回転軸は p_1 を通る回転軸と直交していなければなりません.$O_G(p_2)$ の他の元でも同じなので,$O_G(p_2)$ は p_1 を通る軸と直交し原点を通る平面と球の交わりである円周にあることがわかります.

$$G = Stab_G(p_1) \sqcup Stab_G(p_1) A$$

と $Stab_G(p_1)$ の右剰余類による G の完全分解ができるので $O_G(p_2) = Gp_2 = Stab_G(p_1) p_2$ となり $O_G(p_2)$ は正 n 角形の頂点と見なすことができます.G の元はすべてこの正 n 角形の変換となるので,G は2面体群 D_n となります.

$(g\,;\lambda_1,\,\lambda_2,\,\lambda_3) = (12\,;3,\,3,\,2)$ のときを考えましょう.このとき $|O_G(p_1)| = 4$ であり,4点を固定する回転は単位元しかないので,G は $\mathcal{S}_4$ の部分群と同型です.$\mathcal{S}_4$ の位数12の部分群は4次交代群 $\mathcal{A}_4$ だけなので,$G \cong \mathcal{A}_4$ となります.

$(g\,;\lambda_1,\,\lambda_2,\,\lambda_3) = (24\,;4,\,3,\,2)$ とします.単位元でない $A \in G$ の固定点(つまり A の回転軸と球面との交点)を $p,\,p'$ とすると,$Stab_G(p) = Stab_G(p')$ であり,したがって $|O_G(p)| = |O_G(p')|$ です.$|O_G(p_i)|$ は $i=1,\,2,\,3$ に応じそれぞれ6, 8, 12と相異なっています.したがって p と p' は同じ軌道に属することがわかります.

$O_G(p_2)$ を考えると,このような組が4組あり,G の作用でこれらの組が移りあいます.4組すべてを固定する回転は単位元しかないので G は $\mathcal{S}_4$ の部分群と同型になりますが,G と $\mathcal{S}_4$ は位数がともに24なので $G \cong \mathcal{S}_4$ となります.

$(g\,;\,\lambda_1,\,\lambda_2,\,\lambda_3)=(60\,;\,5,\,3,\,2)$ とします．この場合も $g=24$ の場合と同じような議論ができますが，少し複雑になるので別の方向から考えましょう．$Stab_G(p_3)=\{I,\,A\}$ とおきます．A の固定点を $p=p_3,\,p'$ とすると，p と p' は同じ軌道にあるので $B\in G$ で $Bp=p'$ となるものがあります．B は位数 2 の回転で B の回転軸は $\overrightarrow{pp'}$ と直交します．B の固定点を $q,\,q'$ とします．A は p と p' を通る直線を軸とする 180 度の回転なので，B と交換可能です．$C=AB=BA$ とおくと C の回転軸は $\overrightarrow{pp'}$, $\overrightarrow{qq'}$ と直交します．このことは行列で考えると直ちに了解されます．

$\overrightarrow{pp'}$ を x 軸，$\overrightarrow{qq'}$ を y 軸とする通常の直交座標を（必要なら q と q' を入れ替えて）とります．z 軸は自動的に定まります．この座標系での行列表示を考えると A と B はそれぞれ

$$A=\begin{pmatrix} 1 & 0 & 0 \\ 0 & -1 & 0 \\ 0 & 0 & -1 \end{pmatrix},\quad B=\begin{pmatrix} -1 & 0 & 0 \\ 0 & 1 & 0 \\ 0 & 0 & -1 \end{pmatrix}$$

となるので

$$C=\begin{pmatrix} -1 & 0 & 0 \\ 0 & -1 & 0 \\ 0 & 0 & 1 \end{pmatrix},$$

となります．つまり C は z 軸の周りの 180 度の回転です．

さて C の S^2 上の不動点を $r,\,r'$ としましょう．ここで出てきた 6 点，$p,\,p',\,q,\,q',\,r,\,r'$ は原点を通り互いに直交する 3 本の軸と球面との交点として得られたものです．これらはそれぞれの固定群

に位数2の回転を含んでいるので,固定群はすべて位数2の巡回群でなければならず,したがって $p=p_1$ と同じ軌道 $O_G(p_1)$ に属しています.$|O_G(p_1)|=30$ なので,これらの6個の点からなる組は全部で5組あり,G の $O_G(p_1)$ への作用で,各組は互いに移りあいます.しかも,この5つの組すべてを固定するのは単位元しかないので,G は S_5 の部分群と同型となります.位数が60の S_5 の部分群は $\mathcal{A}_5$ だけなので,$G \cong \mathcal{A}_5$ です.以上より次の定理が得られました.

定理6.8

$SO(3)$ の有限部分群は,次のいずれかと同型である.

$$C_n,\ (n \geq 1),\ D_n,\ (n \geq 2),\ \mathcal{A}_4,\ \mathcal{S}_4,\ \mathcal{A}_5$$

また,これらの群と同型な $SO(3)$ の部分群が存在する.

定理の後半は,第5章の正多面体の同型群の考察と上の議論より得られます.

問題6.9

$\mathcal{S}_5$ の位数60の部分群は $\mathcal{A}_5$ だけであることを示せ.

注 以上の議論はConwayの記号 **332**,**432**,**532** に対応する対称性の群は,それぞれ $\mathcal{A}_4, \mathcal{S}_4, \mathcal{A}_5$ であることを示しています.

6.4 $O(3)$の有限部分群とConwayの魔法の定理（球面版）

前節で$G \subset SO(3)$のとき魔法の定理に相当する式(6.13)を集合Σを2通りの方法で数えることで導きました．この節では$G \subset O(3)$で$SO(3)$には含まれない有限群の分類が代数的に導かれることを概説します．

$G_0 = G \cap SO(3)$と置きます．Gは$SO(3)$には含まれないので，あるGの元Bで$B \notin SO(3)$となるものが存在します．このとき$G = G_0 \sqcup BG_0$が成立します．特に$[G:G_0] = 2$で，$|G| = g$と置くと，$|G_0| = g/2$です．

さて，この場合はGに対し，

$$\Sigma = \{(A, p) \mid A \in G_0, A \neq I, p \in S^2, Ap = p\}$$

を考えます．G_0の元は2つ不動点（回転の軸と球面との交点）を持つので

$$|\Sigma| = 2\left(\frac{g}{2} - 1\right) \tag{6.14}$$

です．

一方，前節と同じように

$$X = \{p \in S^2 \mid \text{ある}\, A \in G_0, A \neq I, \text{に対し}\, (A, p) \in \Sigma\}$$

とします．任意の$C \in G$に対し，$CG_0C^{-1} = G_0$であることに注意すると，GがXに作用していることがわかります．したがってGにより軌道分解ができます．固定化群$Stab_G(p)$を考えると，1つの軸を固定しているので2次合同変換群（直交群）$O(2)$の有限部分群となり，したがって巡回群か2面体群になります．固定化

群が巡回群になる点の軌道の代表の点(旋回点)を $p_1, p_2, \cdots, p_k$, 2面体群になる点の軌道の代表の点(万華鏡点)を $q_1, q_2, \cdots, q_l$ とし, $Stab_G(p_i) \cong C_{\lambda_i}$, $Stab_G(q_j) \cong D_{\mu_j}$ とします. $Stab_G(p_i)$, $Stab_G(q_j)$ の中の単位元でない回転の数はそれぞれ $\lambda_i - 1$, $\mu_j - 1$ ですから X の軌道分解から

$$|\Sigma| = \sum_{i=1}^{k} \frac{g}{\lambda_i}(\lambda_i - 1) + \sum_{j=1}^{l} \frac{g}{2\mu_j}(\mu_j - 1) \quad (6.15)$$

を得ます. したがって式 (6.14), (6.15) より

$$1 - \frac{2}{g} = \sum_{i=1}^{k} \frac{\lambda_i - 1}{\lambda_i} + \sum_{j=1}^{l} \frac{\mu_j - 1}{2\mu_j}$$

を得ますが, これは式 (3.4), (3.5), (3.6) に他なりません. したがって $O(3)$ の有限部分群の分類からも魔法の定理が導かれました. Conway記号と $O(3)$ の有限部分群との対応は $SO(3)$ でやったようにすればでき, すでにいくつかの対応については示しました. 残りの対応も難しくはないのですが, ここでは, 結果だけを**表6.1**にしてまとめておきます. 意欲のある人は, 岩堀[11]などを参考に挑戦してください.

なお, 表6.1で記号に n があるものは, n を ∞ にすることにより帯模様の同型群(対称群) G が得られます. ここで注意しなくてはいけないことは n が奇数のとき $C_2 \times C_n \cong C_{2n}$, $C_2 \times D_n \cong D_{2n}$ が成り立っていることです. 詳しくは問題とします.

問題6.10 各Conway記号に対応する帯模様の同型群を定めよ.

Conway記号	Gの構造	$G \cap SO(3)$	g
nn	C_n	C_n	n
22n	D_n	D_n	$2n$
332	$\mathcal{A}_4$	$\mathcal{A}_4$	12
432	$\mathcal{S}_4$	$\mathcal{S}_4$	24
532	$\mathcal{A}_5$	$\mathcal{A}_5$	60
n∗ (n: 偶数)	$C_n \times C_2$	C_n	$2n$
n× (n: 奇数)			
∗22n (n: 偶数)	$D_n \times C_2$	D_n	$4n$
2∗n (n: 奇数)			
3∗2	$\mathcal{A}_4 \times C_2$	$\mathcal{A}_4$	24
∗432	$\mathcal{S}_4 \times C_2 \cong \mathcal{T}_3$	$\mathcal{S}_4$	48
∗532	$\mathcal{A}_5 \times C_2 \cong W(H_3)$	$\mathcal{A}_5$	120
n× (n: 偶数)	C_{2n}	C_n	$2n$
n∗ (n: 奇数)			
∗332	$\mathcal{S}_4$	$\mathcal{A}_4$	24
∗nn	D_n	C_n	$2n$
2∗n (n: 偶数)	D_{2n}	D_n	$4n$
∗22n (n: 奇数)			

表6.1 Conway記号と$O(3)$の有限部分群との対応[11]

　平面の繰り返し模様の同型群(対称群)である壁紙群(Wall paper group)についても，群の構造について同じように議論ができるのですが，群に関する準備がさらに必要になるため，ここでは省略します．例えば高橋[1]，河野[3]などを参照してください．

---
11 表6.1はGの構造を中心とする表で，$G \subset SO(3)$，(上から5番目まで)，$G \ni -I_3$，(6番目から10番目)，$G \not\subset SO(3)$かつ$G \not\ni -I_3$，(残りの4つ)，の順に並べてあります．

第7章 Coxeter群

　対称性を考える中で，2面体群のように鏡映により生成される群に遭遇しました．鏡映により生成されるこれらの群は[1]，Coxeter群（コクセター）と呼ばれ，群の中でも興味深く重要な群の種類で，他分野との関係で研究されているリー群や代数群などを考えるときに，それらの骨組みとしても現れます．この章では有限Coxeter群の分類の原理および結果をBourbaki[B]に沿って説明します．

　前の章までと異なり線型代数学の基本的な用語，概念は説明せずに使っているところがあります．必要であれば「おわりに」の中の佐武[7]，齋藤[8]，高橋[9]，などを参照してください．

7.1 定義と例

　Wを乗法的な群，1をその単位元とします．またSをWの生成系とし，Sの元はすべて位数が2とします．つまりWの任意の元wは

$$w = s_1 s_2 \cdots s_k, \qquad (s_i \in S)$$

と表すことができ，Sの任意の元sは$s^2=1$, $s\neq 1$を満たします．このとき次のようにCoxeter群を定義します．（Bourbaki[B], Ch. 4, n°1.3）

---

[1] Conway記号で$*s_1 s_2 \ldots s_l$に対応する群は鏡映で生成され，したがって，Coxeter群です．

定義7.1

Sの2元s, s'に対し$m(s,s')$をss'の位数とする.またIで$m(s,s')$が有限であるすべての対$(s,s') \in S \times S$を表すことにする.Wの生成系Sによる基本関係が

$$(ss')^{m(s,s')} = 1, \qquad (s,s') \in I \qquad (7.1)$$

であるとき(W, S)をCoxeter系,または単にWをCoxeter群という.

ここで基本関係が$(ss')^{m(s,s')}=1, (s,s') \in I,$であるということは,この場合,次のように定義されます.

Gを群,$1'$をその単位元とする.写像$f: S \to G$が与えられ,$(f(s)f(s'))^{m(s,s')} = 1', (s,s') \in I,$が成り立てば,$f$は群の準同型写像$f: W \to G$に拡張することができる.

つまり感覚的にいうと,(W, S)は関係(7.1)を満たす群の中で最も大きなものです.またこの定義で注意しなければいけないことは,$1 \notin S$,および$m(s,s')$がss'の位数であることが初めから仮定されていることです.ここでは証明しませんが生成系と基本関係を与えれば,そのような群は必ず存在します.[2] しかし,その群の元の位数などは初めからわかっているものではないのです.例をあげましょう.Gを生成系を$\{s, t\}$とし基本関係を

---

[2] 例えば鈴木[13](第2章6節)を参照してください.

$s^2=t^4=1$, $st^2=ts$ とします.すると

$$t = ts^2 = (ts)s = (st^2)s = (sts)^2 = (t^2)^2 = t^4 = 1$$

となり $G=\{1, s\}$ で,$t=1$ の位数は4ではなく1です.

ですから生成系と基本関係から出発したときは,改めて $1 \notin S$, および $m(s,s')$ が ss' の位数であることを確かめなければなりません.

このことに注意して2面体群と対称群が Coxeter 群であることを証明しましょう.その前に,基本的な用語である元の長さを定義します.(W, S) を Coxeter 系とすると,W の任意の元 w は S の元の積として $w = s_{i_1} s_{i_2} \cdots s_{i_l}$ のように表されますが,この表し方の中で最小の l を w の**長さ**といい $\ell(w)$ と書きます.また長さを与える表し方を w の**最短表示**といいます.なお $\ell(1)=0$ と約束します.

例7.1 m を2以上の正整数とし $S=\{s,s'\}$, W を S を生成系とし基本関係が $s^2 = s'^2 = (ss')^m = 1$ である群とします.

一方,位数が $2m$ の2面体群 D_m は2元 ρ, ρ' により生成され $\rho^2 = \rho'^2 = (\rho\rho')^m = 1$ が成り立つので W から D_m の上への準同型写像 $f: W \to D_m$, $f(s)=\rho$, $f(s')=\rho'$, が存在します.$\rho \neq 1$, $\rho' \neq 1$ で $\rho\rho'$ の位数は m ですから,$s \neq 1$, $s' \neq 1$ で ss' の位数は m であり,したがって (W, S) が Coxeter 系であることがわかります.

ところで W の各元は s と s' の積として表され $s^2 = s'^2 = 1$ なので s と s' が交互に現れます.$(ss')^m = 1$ を変形して

$$\underbrace{ss's\cdots}_{m} = \underbrace{s'ss'\cdots}_{m}$$

となるので s から始まる積を考えると長さが m で s' から始まる積に移ることがわかります．よって $|W|\leq 2m$ です．しかし f は W から D_m の上への写像なので，$|W|\geq |D_m|$ です．$|D_m|=2m$ なので，$|W|=|D_m|$ となり，f は全単射，したがって同型写像でなければなりません．したがって，W と D_m は同型で D_m も Coxeter 群となります．

例7.2 正整数 n に対し W_n を，生成系が $S=\{s_1, s_2, \ldots, s_{n-1}\}$，基本関係が

$$s_i^2 = 1, (i=1,\ldots, n-1), (s_i s_{i+1})^3 = 1, (i=1,\ldots, n-2)$$
$$(s_i s_j)^2 = 1, (|i-j|>1 \text{ のとき})$$

である群とします．（$W_1=\{1\}$ とします．）一方，**命題5.8**で述べたように n 次対称群 $\mathcal{S}_n$ は $\sigma_i = (i, i+1)$ とすると $\{\sigma_1, \sigma_2, \ldots, \sigma_{n-1}\}$ により生成されます．また

$$\mathrm{ord}\,(\sigma_i)=2, (i=1,\ldots, n-1), \mathrm{ord}\,(\sigma_i \sigma_{i+1})=3, (i=1,\ldots, n-2),$$
$$\mathrm{ord}\,(\sigma_i \sigma_j)=2, (|i-j|>1 \text{ のとき})$$

であることも容易に確かめることができます．したがって W_n から $\mathcal{S}_n$ の上への準同型写像 $f: W_n \to \mathcal{S}_n,\ s_i \mapsto \sigma_i\ (i=1, 2, \ldots, n-1)$ が存在します．よって，W_n の基本関係と $\mathcal{S}_n$ での $\sigma_i \sigma_j$ の位数から $s_i \neq 1$ で

$$\mathrm{ord}(s_i s_j) = \begin{cases} 1, & (i = j) \\ 3, & (|i-j| = 1) \\ 2, & (|i-j| > 1) \end{cases}$$

であることがわかり，W_n は Coxeter 群となります．f は上への写像ですから $|W_n| \geq |S_n| = n!$ です．$|W_n| \leq n!$ が示せれば，$|W_n| = |S_n|$ となるので f は同型写像で，したがって S_n も Coxeter 群となります．

$|W_n| \leq n!$ であることを帰納法で示しましょう．$n=1$ のときは $W_1 = \{1\}$ ですので明らかです．$n>1$ とし $W_{n-1} = \langle s_1, \ldots, s_{n-2} \rangle$ に対し $|W_{n-1}| \leq (n-1)!$ と仮定します．W_{n-1} は W_n の部分群とみなすことができ[3]，W_n の W_{n-1} による完全代表系を $\{w_\lambda | \lambda \in \Lambda\}$ とします．$|\Lambda| = [W_n : W_{n-1}]$ で $|W_n| = |\Lambda||W_{n-1}|$ ですから $|\Lambda| \leq n$ を示せば十分です．さて $W_{n-1} w_\lambda$ は有限集合ですから $\ell(w_\lambda)$ は $W_{n-1} w_\lambda$ の元の長さの中で最小として構いません．w_λ の最短表示を

$$w_\lambda = s_{i_1} s_{i_2} \cdots s_{i_l}$$

とします．$1 \leq j \leq n-2$ のとき $s_j \in W_{n-1}$ ですから，$\ell(w_\lambda)$ の最小性から $s_{i_1} = s_{n-1}$ でなければいけません．次に $1 \leq j \leq n-3$ のとき $s_{n-1} s_j = s_j s_{n-1}$ であり，また $s_{n-1}^2 = 1$ なので，再び $\ell(w_\lambda)$ の最小性から $s_{i_2} = s_{n-2}$ となります．関係 $s_{n-1} s_{n-2} s_{n-1} = s_{n-2} s_{n-1} s_{n-2}$ なども考慮してこの考察を続けると，$w_\lambda \neq 1$ であれば，ある k，$0 \leq k \leq n-2$，に対し，

3　厳密には，W_{n-1} から W_n への自然な準同型写像 φ があり，W_n の部分群 $\varphi(W_{n-1})$ を考えます．$|W_{n-1}| \geq |\varphi(W_{n-1})|$．

$$w_\lambda = s_{n-1} s_{n-2} s_{n-3} \cdots s_{n-1-k}$$

と表されることがわかります．したがって $|\Lambda| \leq n$ となり証明が終わります．

この2つの例から，生成系と基本関係からCoxeter群であることを示すことは難しいという印象を持たれたかもしれませんが，実はそうではない，ということの概説を次節で行います．

7.2 幾何表現

この節では線型代数学の初等的な部分を仮定します．必要であれば齋藤 [8]，佐武 [7]，高橋 [9] などを参照してください．

まず次の定義から始めます．

定義 7.2

S を空でない集合とし，$M = (m(s, s'))_{s, s' \in S}$ を $S \times S$ の行列とする．次の条件 (1)〜(4) が成り立つとき M をタイプ S の Coxeter 行列という．

(1) すべての $(s, s') \in S \times S$ に対して $m(s, s') \in \mathbb{Z} \cup \{+\infty\}$

(2) M は対称行列，つまり，すべての $(s, s') \in S \times S$ に対して $m(s, s') = m(s', s)$

(3) すべての $s \in S$ に対して $m(s, s) = 1$

(4) $s \neq s' \Rightarrow m(s, s') \geq 2$

例えば次のような行列は Coxeter 行列です．

例7.3

$$M_1 = \begin{pmatrix} 1 & m \\ m & 1 \end{pmatrix}, \quad (2 \leq m \in \mathbb{Z})$$

$$M_2 = \begin{pmatrix} 1 & 3 & 2 & +\infty \\ 3 & 1 & 5 & 2 \\ 2 & 5 & 1 & 3 \\ +\infty & 2 & 3 & 1 \end{pmatrix}$$

$$M_3 = \begin{pmatrix} 1 & 3 & 2 & \ldots & 2 & 2 \\ 3 & 1 & 3 & & 2 & 2 \\ 2 & 3 & 1 & \ddots & 2 & 2 \\ \vdots & & \ddots & \ddots & & \\ 2 & 2 & 2 & & 1 & 3 \\ 2 & 2 & 2 & \ldots & 3 & 1 \end{pmatrix}, \begin{array}{l}(n\text{次行列で対角線の}\\ \text{上下が3,他は2})\end{array}$$

一般に Coxeter 系 (W, S) に対して $m(s,s') = \mathrm{ord}(ss')$ として得られる行列 $M = (m(s,s'))_{(s,\,s') \in S \times S}$ を (W, S) の行列と呼びます．明らかに，M は Coxeter 行列です．

上の**例7.3**で M_1 は2面体群 D_m の，M_3 は n 次対称群 $\mathcal{S}_n$ の，行列です．

さてタイプ S の Coxeter 行列 M を1つ固定し，$E = \mathbb{R}^{(S)}$ を，$(e_s)_{s \in S}$ を基底とする $\mathbb{R}$ 上のベクトル空間とします．したがって，E の任意の元 x は $x = \sum_{s \in S} a_s e_s, \; (a_s \in \mathbb{R})$，とただ一通りに表されます．ここで $a_s \neq 0$ となる $s \in S$ は有限個です．

E 上の対称双線型形式 B_M を基底上で次のように定めます．

$$B_M(e_s, e_{s'}) = -\cos \frac{\pi}{m(s, s')}$$

(ただし $m(s,s') = +\infty$ のときは，$B_M(e_s, e_s') = -1$ とします.)
したがって $x = \sum_{s \in S} a_s e_s,\ y = \sum_{s \in S} b_s e_s,\ (a_s, b_s \in \mathbb{R})$, に対しては
$$B_M(x,y) = -\sum_{s,s' \in S} a_s b_{s'} \cos \frac{\pi}{m(s,s')}$$
となります．第6章で扱ったベクトル空間の内積と似ていますが，異なる点は $x \neq 0$ に対し必ずしも $B_M(x,x)$ が正とは限らないことです．

例えば例7.3の M_2 に対する B_{M_2} の基底上の値を行列で表すと次のようになります．

例7.4

$$(B_{M_2}(s,s')) = \begin{pmatrix} 1 & -\frac{1}{2} & 0 & -1 \\ -\frac{1}{2} & 1 & -\frac{\sqrt{5}+1}{4} & 0 \\ 0 & -\frac{\sqrt{5}+1}{4} & 1 & -\frac{1}{2} \\ -1 & 0 & -\frac{1}{2} & 1 \end{pmatrix}$$

問題7.1

(1) 例7.3の M_1, M_3 に対しても同様に対応する行列を求めよ．
(2) $\cos \frac{\pi}{5} = \frac{\sqrt{5}+1}{4}$ であることを示せ．

さて，各 $s \in S$ に対し E 上の線型変換 σ_s を次のように定めます．

$$\sigma_s(x) = x - 2B_M(x, e_s) e_s, \quad x \in E$$

次が成り立つことを示すことはそれほど難しくありません．
(Bourbaki [B], Ch.V, 4.1, 4.2)

命題7.1

(1) $s \neq s' \Rightarrow \sigma_s \neq \sigma_{s'}$

(2) $\sigma_s \neq id_E$, $(\sigma_s)^2 = id_E$, 特に $\sigma_s^{-1} = \sigma_s$

(3) すべての $x, y \in E$ に対して $B_M(\sigma_s(x), \sigma_s(y)) = B_M(x, y)$

(4) $s, s' \in S, s \neq s'$ とすると $\sigma_s \sigma_{s'}$ の位数は $m(s, s')$

ここで id_E は E 上の恒等変換,(すべての $x \in E$ に対し $id_E(x) = x$),です.逆変換を持つ線型変換を正則変換といいます.E 上の正則変換全体は群をなし,この群を E 上の一般線型群と呼び $GL(E)$ と表します.上の命題の (4) の中の位数は $GL(E)$ の元としての位数です.

問題7.2

上の (1)~(4) を示せ.((1)~(3) は容易.(4) は平面 $\mathbb{R}e_s + \mathbb{R}e_{s'}$ を考える.)

特に (4) から次のことが成り立っていることがわかります.

$$s, s' \in S, m(s, s') \neq +\infty \Rightarrow (\sigma_s \sigma_{s'})^{m(s, s')} = id_E$$

ここで,Coxeter 行列 M に対し

$$I = \{(s, s') \in S \times S \mid m(s, s') \neq +\infty\}$$

とおき,生成系を $(g_s)_{s \in S}$,基本関係を

$$(g_s g_{s'})^{m(s,s')} = 1, (s, s') \in I \qquad (7.2)$$

とする群を $W = W(M)$ と表すことにします．すると**命題7.1**から直ちに次が得られます．

命題7.2

群準同型写像 σ, $\sigma : W \to GL(E)$ で，すべての $s \in S$ に対し $\sigma(g_s) = \sigma_s$ となるものがただ1つ存在する．

上の2つの命題を合わせると

命題7.3

次が成り立つ．

(1) $s, s' \in S, s \neq s'$, とすると，$g_s \neq g_{s'}$

(2) g_s の位数は2

(3) $s, s' \in S, s \neq s'$, とすると，$g_s g_{s'}$ の位数は $m(s, s')$

証明

(3) だけ示す．(1), (2) も同様に示すことができる．

まず $0 < i < m(s, s')$ とすると $\sigma_s \sigma_{s'}$ の位数は $m(s, s')$ なので

$$\sigma((g_s g_{s'})^i) = (\sigma(g_s)\sigma(g_{s'}))^i = (\sigma_s \sigma_{s'})^i \neq id_E$$

したがって $(g_s g_{s'})^i \neq 1$ となる．一方 $(s, s') \in I$ のときは W の定義から $(g_s g_{s'})^{m(s,s')} = 1$ である．よって $\mathrm{ord}(g_s g_{s'}) = m(s, s')$ が成り立つ．

$m(s, s') = +\infty$ のときは，すべての正整数 i に対して $(\sigma_s \sigma_{s'})^i \neq 1$ なので，やはり $\mathrm{ord}(g_s g_{s'}) = m(s, s')$ となる． □

命題 7.3 (1) から対応 $s \mapsto g_s$ は 1 対 1 対応です．したがって s と g_s を同一視することができ，S を W の部分集合と考えることができます．すると

系 7.4

(W, S) は Coxeter 系である．

証明

W は生成系 S，基本関係を (7.2) としているので $s \neq 1$，$m(s, s') = \mathrm{ord}(ss')$ を示せばよいが，これらは命題 7.3 の (2) および (3) として示されている． □

さて今までこの節で議論したことを振り返ってみましょう．まず集合 S を添数集合とする勝手な Coxeter 行列 M をとります．すると生成系と基本関係から群 $W = W(M)$ が定義されます．この W が実は Coxeter 群で，生成系が S であり，(W, S) の行列が初めにとった M だというのです．

これは驚くべきことで，勝手にCoxeter行列Mをとると，対応するCoxeter群$W(M)$があり，$W(M)$の行列を考えると元のMに戻る，というのです．Sの元を並べ替えると異なる行列となることもありますが，これらは行と列を同時に移し替えれば移りあうので同じものと考えることが妥当です．このようにSの元の並べ替えで移りあう2つのCoxeter行列M, M'を$M \sim M'$と書くことにします．

また2つのCoxeter系(W, S)と(W', S')の間に群の同型写像$f : W \to W'$が存在し，$f(S) = S'$であるとき(W, S)と(W', S')は同型であるといい$(W, S) \cong (W', S')$と書くことにします．すると得られた結果は，次のようにまとめることができます．

$$\{\text{Coxeter行列}\ M\}/_\sim \xleftrightarrow{1:1} \{\text{Coxeter系}\ (W, S)\}/_\cong$$

ここで$/_\sim$や$/_\cong$は，それぞれの同値類の集合を考えるということですが，大雑把に言えば$\sim$や$\cong$で移りあうものは同じものと考えるということです．

さて**命題7.2**の写像σについてはさらに次が成立します．

定理7.5

準同型写像$\sigma : W \to GL(E)$は単射である．

このσをWの**幾何表現**といいます．実はこの定理はより深いTitsの定理の系として得られるのですが，ここでは証明はしません．Bourbaki [B], Ch.V, 4.4, Théorèm 1を参照してください．

タイプ S の Coxeter 行列 $M=(m(s,s'))_{(s,s')\in S\times S}$ はよりわかり易く視覚的にグラフで表すことができます．一般にグラフは頂点の集合と 2 つの頂点を結ぶ辺の集合の組として定義されますが，ここで考えるグラフは辺に重みがついたグラフです．具体的には：頂点の集合を S とし，2 つの頂点 $s, s' \in S$ は $3 \le m(s,s') \le +\infty$ の時にのみ辺で結ばれることにします．辺の重みは $m(s,s')$ で，$m(s,s')>3$ のときには $m(s,s')$ を辺の上に書くことにします．$m(s,s')=3$ のときには，何も書かず単に頂点が辺で結ばれるだけです．

このグラフを M に対応する Coxeter グラフといい $\Gamma(M)$ と書きます．Coxeter グラフ $\Gamma(M)$ から Coxeter 行列 M が復元できることは明らかでしょう．Coxeter 行列 M と Coxeter 群 $W(M)$ は本質的に 1 対 1 で対応しているので，$\Gamma(M)$ を Coxeter 群 $W(M)$ のグラフともいいます．

例 7.2 の Coxeter 行列に対応する Coxeter グラフは次のようになります．

例 7.5

$\Gamma(M_1)$　　$m=2$　　○　　○

　　　　　　　$m=3$　　○―○

　　　　　　　$m\ge 4$　　○―$\overset{m}{}$―○

$\Gamma(M_2)$　　$\begin{array}{c}+\infty \\ \Box \\ 5\end{array}$

$\Gamma(M_3)$　　○―○―○―……―○―○　　（頂点は n 個）

$\Gamma(M_1)$, $\Gamma(M_3)$ はそれぞれ D_m, S_{n+1} の Coxeter グラフです.

なお,すべての頂点が辺を通してつながっているとき,$\Gamma(M)$ は**既約**である,また $W(M)$ は既約である,といいます.

❖ 7.3 有限 Coxeter 群

前節ではベクトル空間 E 上への Coxeter 群 $W=W(M)$ の幾何表現 $\sigma: W \to GL(E)$ を考えました.$GL(E)$ の部分群で,対称双線型形式 B_M を保存する線型変換全体からなるものを $O(E; B_M)$ と書き,B_M に関する直交群と呼びます.ここで $f \in GL(E)$ が B_M を保存するとは,すべての $x, y \in E$ に対し $B_M(f(x), f(y)) = B_M(x, y)$ が成り立つことをいいます.$\sigma(W) \subset O(E; B_M)$ で σ は単射ですから W を $O(E; B_M)$ の部分群とみなせます.

すべての $x \in E$, $x \neq 0$ に対し $B_M(x, x) > 0$ であるとき,対称双線型形式 B_M は**正定値**であるといいます.正定値のとき,$O(E; B_M)$ は第 6 章で考えた直交群の一般化になっています.

W の有限性については次の簡明な定理が成り立ちます.

定理 7.6

$W=W(M)$ が有限群であるためには,S が有限集合で B_M が正定値であることが必要十分である.

証明はしませんが概略は次の通りです.位相空間論の用語についても説明は省略します.

必要性：Wが有限なので，その部分集合であるSも当然有限です．Wを既約と仮定してよく，するとWが保存する双線型形式はスカラー倍を除いてただ1つで，しかも有限群は必ずある正定値双線型形式を保存するので，B_Mも正定値となります．

十分性：前節で触れたTitsの定理，Bourbaki [B], Ch.V, 4.4, Théorèm 1, からWは$GL(E)$の離散的な部分群であることが示されます．したがってWはコンパクトな$O(E; B_M)$の離散部分群となるので有限となります．

さて**定理7.6**を使って有限Coxeter群についてもう少し考えてみましょう．前節の記号などをそのまま使います．

$S=\{s_1, s_2, \cdots, s_l\}$とおき簡単のため$e_{s_i}$を$e_i$, $m(s_i, s_j)$をm_{ij}と書くことにします．さらに

$$\mathbb{B}_M = (B_M(e_i, e_j))_{1 \leq i, j \leq l}, \quad A_M = (a_{ij})_{1 \leq i, j \leq l} = I_l - \mathbb{B}_M$$

とおきます．すると

$$a_{ij} = \begin{cases} 0, & i = j \\ \cos \dfrac{\pi}{m_{ij}}, & i \neq j \end{cases}$$

となるので，特に$a_{ij} \geq 0$, $i, j = 1, \cdots, l$, です．

$\mathbb{B}_M$, A_Mは，成分が実数の対称行列なので，線型代数学の定理から，直交行列により対角化されて，固有値はすべて実数となります．したがって

$$W(M) \text{ が有限群} \iff B_M \text{ が正定値}$$
$$\iff \mathbb{B}_M \text{ の固有値が全て正}$$
$$\iff A_M \text{ の固有値がすべて1未満}$$

すべての成分が0以上,非負,である行列を非負行列といい,その固有値については美しい性質が成り立っています.高橋[9],第26章,岩堀[10],第6章,などを参照してください.

[10],第6章で,岩堀長慶は非負行列論を用い,有限Coxeter群の分類よりもより細かな既約ルート系の分類を行っています.その方法を有限Coxeter群の場合に適用することは,それほど難しいことではないのですが,説明をするには仮定することが多くなりすぎるので,残念ですがここでは省略します.

結果として次の定理が成り立ちます.

定理7.7

$W = W(M)$ を Coxeter 行列 M に対応する既約 Coxeter 群とする.このとき W が有限であるための必要かつ十分な条件は Coxeter グラフ $\Gamma(M)$ が次のいずれか1つと同型になることである.(A_l, B_l, D_l の場合,頂点の数は l.)

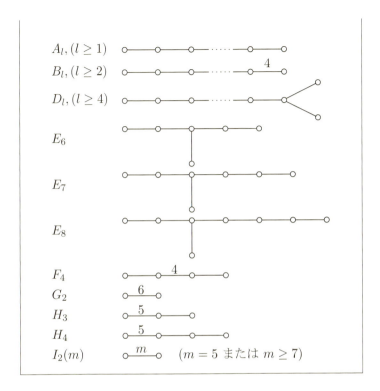

注 $I_2(m)$ は $m=3, 4, 6$ のとき,それぞれ A_2, B_2, G_2 と同型になるため,$m=3, 4, 6$ の場合を除外しました.

問題7.3

M を A_l 型の Coxeter 行列とする.(例**7.3**の M_3 で,$l=n$)行列 A_M の固有値をすべて求めよ.

附記 Conwayの記号 ∗**332**, ∗**432**, ∗**532** に対応する対称性の群はそれぞれ A_3, B_3, H_3 型の Coxeter 群です．例えば ∗**532** に対応する群が H_3 型の Coxeter 群 $W(H_3)$ であることは次のように示されます．

証明の概略：∗**532** に対応する群は正12面体の対称の群 $Sym(P_{12})$ である．1つの基本領域は鏡映線で囲まれた3角形で，各辺に対応する鏡映を r_1, r_2, r_3 とすると，必要であれば番号を付け替えて $(r_1 r_2)^5 = (r_2 r_3)^3 = (r_1 r_3)^2 = 1$ が成立する．しかも $Sym(P_{12})$ は r_1, r_2, r_3 で生成されているので $W(H_3)$ から $Sym(P_{12})$ の上への準同型写像が存在する．しかし $|W(H_3)| = |Sym(P_{12})| = 120$ なので，この準同型写像は同型写像である． □

第8章 有限単純群の分類

今まで，この本の中で，様々な群が分類されることを見てきました．例えば$O(3)$の有限部分群を幾何学的な方法と代数的な方法で分類をしましたし，前の章では，位数2の元からなる生成系をもち，特殊な形の基本関係を満たすCoxeter群の中で有限であるものが完全に分類されることをみました．ではこれらの条件を外し，有限群を分類することはできるでしょうか．アーベル群（可換群）に限れば，この問題は綺麗に解決できます（アーベル群の基本定理）．しかし非可換群でこの問題を考えると，同型類のあまりの多さに直ちに行き詰ります．例えばxを位数とし，位数がxの群の同型類の数を$n(x)$とすると次のようになります．[1]

x	1	2	3	4	5	6	7	8	9	⋯	256
$n(x)$	1	1	1	2	1	2	1	5	2	⋯	56092

ではどうするか．群の中にその構成要素のようなものはないか．いわば分子に対する原子のようなものです．実はそれが存在するのです．それが単純群と呼ばれるもので，E. Galoisもすでにそのいくつかの例を知っていました．定義から始めましょう．

---

[1] $n(256)$は計算システムGAP-Groups, Algorithms, Programmingによります．

定義8.1

Gを群，Nをその部分群とする．$xN=Nx$がすべての$x \in G$に対し成り立つときNをGの**正規部分群**という．

Nが正規部分群であることを$N \triangleleft G$と表します．

$xG=G=Gx$が成り立つのでG自身は正規部分群です．また単位元eだけからなる部分群$\{e\}$は$xe=x=ex$なので正規部分群です．このGと$\{e\}$を自明な正規部分群といいます．

定義8.2

Gを群で$G \neq \{e\}$とする．Gの正規部分群が自明なものだけであるとき，Gを**単純群**という．

NをGの正規部分群とするとき，剰余類の集合$G/N = \{xN | x \in G\}$は演算$xN \cdot yN = xyN$, $x, y \in G$, に関して群をなすことが確かめられます．G/Nを**剰余群**と呼びます．したがって正規部分群があると$(N, G/N)$という群の列が得られることになります．Nが単純群でなければ，Nには自明でない正規部分群N'があり，$(N', N/N')$という群の列が得られます．同様にG/Nが単純群でなければ，G'/Nがその自明でない正規部分群で$N \triangleleft G' \triangleleft G$となる部分群$G'$が存在することを示すことができます．

Gが有限群であれば，この議論は有限回で終わりますから，次のような群の列が存在することがわかります．

$$\{e\} = G_0 \triangleleft G_1 \triangleleft G_2 \triangleleft \cdots G_{r-1} \triangleleft G_r = G$$

ここで G_i/G_{i-1} は単純群, $i=1,\ldots,r$

この列を長さ r の G の**組成列**といい,剰余群の集合

$$\{G_1/G_0, G_2/G_1, \ldots, G_r/G_{r-1}\}$$

を**組成剰余群列**といいます.この組成剰余群列について次の基本的な定理が成り立ちます.

定理8.1 (Jordan-Hölder)

群 G の組成剰余群列は,組成列の取り方によらず,重複をこめた集合として一意的に定まる.

もう少し詳しく言うと,組成列の長さは一定で,それを r とすると,組成剰余群列に現れる r 個の単純群は,仮に重複があったとしても重複度を含め,どの組成列に対しても,同じであるということです.この組成剰余群列に現れる単純群を G の**組成因子**といいます.

この組成因子という概念を使うと,群論の濫觴とでもいうべき次の定理を述べることができます.

定理8.2 (Galois)

有理数係数多項式 $f(X) \in \mathbb{Q}[X]$ のガロア群を G_f とする. $f(X)$ の根が, $f(X)$ の係数の四則演算と根号により表されるための必要十分条件は G_f のすべての組成因子がアーベル群であることである.

ここでは多項式のガロア群の説明は省略します. 組成因子の重要性を示している最初の定理です.

さてアーベル群の部分群はすべて正規部分群ですから, アーベル群で単純群であるものは素数位数の巡回群に限ります. それで非可換な単純群の分類が問題となります.

まず, 比較的容易に示すことができますが, n 次交代群 A_n, $n \geq 5$, は非可換な単純群です.

19世紀から20世紀前半にかけて非可換単純群の研究は少しずつ進んできたのですが, 20世紀後半に急速に進展しました.

行列群が有限体上でも考えられ, 古典群と呼ばれる有限単純群の系列を与えることは知られていましたが, C. Chevalley は Coxeter 群と密接に関係する複素単純リー環の構造を綿密に調べ, 有限 Coxeter 群の H_3, H_4, $I_2(m)$ を除く全ての系列に対応する単純群が一様な方法で構成できることを示しました (1955). なお説明は省略しますが, リー環や対応する群を考えるときは, B型がB型とC型の2つの場合に分かれます. これらの群は **Chevalley群** (シュヴァレー) と呼ばれます. 続いて, Chevalley 群の部分群で

Coxeterグラフの対称性から導かれる系列があることがわかりました.Steinberg型(スタインバーグ)と呼ばれることが多いですが,さらに細かく F_4, G_2 の場合はRee群,B_2 の場合はSuzuki群と呼ばれます.ただしSuzuki群は,全く別方向の有限群の研究の流れから見つかったものです.これらを総称して**Lie型の単純群**と呼びます.

次の段階に進むためどうしても解決しなければならない難問が,2人の傑出した数学者により解決されました.

定理8.3 (Feit-Thompson, 1963)

奇数位数の有限群のすべての組成因子はアーベル群である.

Galoisの定理にも出てきた,すべての組成因子がアーベル群である群を,**可解群**(solvable group)といいます.非可換単純群は可解群ではありませんから,Feit-Thompsonの定理から,

「非可換単純群は偶数位数である」

ということがわかります.したがって非可換単純群には位数が2の元が存在します.このことを主な武器に,疾風怒濤の単純群探索が始まり1970年代には,交代群やLie型の単純群とは異なる,26番目の単純群で「モンスター」と呼ばれている単純群の存在がわかりました.これら20個の単純群を**散在型**と言います

1980年代の初めには次の分類定理の完成が宣言されます.

分類定理(Classification Theorem for Finite Simple Groups, CFSG)

　有限単純群は次のいずれかと同型である．
(1) 素数位数の巡回群
(2) 5次以上の交代群
(3) Lie 型の単純群
(4) 26個の散在型単純群

　しかし，これは定理と言っても三平方の定理のように誰にでもわかる形で証明を提示できるものではなく，Feit-Thompsonの定理のように難しいけれど1つの数学雑誌に発表された250ページ余の論文を読破すれば証明がわかる，というものでもありません．

　上の(1)から(4)の群が単純群であることを示すことは忍耐があり数学が好きならば楽しい作業です．しかし，あらゆる場合に共通することですが，「これで全てである」という証明は大変な困難を伴い，多くの場合苦しい作業です．この定理の場合は，大ざっぱに言うと位数2の元の中心化群の組成因子が既知の単純群であるとして，あらゆる可能性をしらみつぶしに調べて行ったのです．D. Gorenstein [G], Introduction, によると約100人の数学者が書いた約500編の論文（総ページにすると約1万ページ）を合わせると証明となる，ということです．しかも1980年代にはCFSGのために必要な論文で数学誌に発表されていないものもありました．

　この状況を放っておけば，証明が雲散霧消し，人類の一大財産が次世代に伝わらない恐れもありました．Gorensteinを中心と

したグループが，この危機の解消のため，証明全体の詳細な地図（outline）を書く，という地道な研究計画に取り組み始めたのは1983年です．Gorensteinは完成を見ずに逝去しましたが，M. Ascbacher, R. Lyons, S. D. Smith, R. Solomonにより取組開始後約30年を経て計画の完成を見ました．この間に証明に必要な未発表であったピースもAscbacherとSmithにより発表されています（2004）．

　身近な対称性から始まり，繰り返し模様を記述するConwayの記号，その幾何学的，代数学的背景，さらに群論との関係，そして20世紀に得られた人類の大きな財産であるCFSGの紹介まで，はるばると来てしまいました．この辺で群論への旅を終えることにします．

おわりに

この本を書くにあたって次の3冊を常に参考にしました.

[W] Hermann Weyl著, Symmetry, Princeton University Press, 1952:日本語訳;H. ヴァイル／遠山啓訳, シンメトリー, 紀伊国屋書店, 第4刷, 1977.
[CBG] John H. Conway, Heidi Burgiel, Chaim Goodman-Strauss共 著, The Symmetries of Things, A K Peters, Ltd., 2008.
[B] N. Bourbaki著, Groupes et algèbres de Lie, Chapitres 4, 5 et 6, Hermann, 1968:日本語訳：ブルバキ／杉浦光夫訳, ブルバキ数学原論, リー群とリー環3, 東京図書株式会社, 第2刷, 1979.

また, 次の論文はこの本の前半部分を書く基になっています.
[C] John H. Conway, The orbifold notation for surface groups, in "Groups, Combinatorics and Geometry, Proceedings of the L. M. S. Durham Symposium" (editors : M. W.Liebeck and J. Saxl), London Math. Soc. Lecture Note Series 165, Cambridge University Press, 1992, pages 438 -447.

文様や図柄のパターンを群論の入門に使うという本はすでにいろいろと刊行されています. 例えば

[1] 高橋礼司著，対称性の数学＝文様の幾何と群論＝，放送大学教育振興会，1998.

[2] M. A. アームストロング著／佐藤信哉訳，対称性からの群論入門，丸善出版，2012.

Conwayの記号については[C]や[CBG]で丁寧に説明されています．また最近刊行された

[3] 河野俊丈著，結晶群，共立出版，2015

の中でも取り上げられており，この本では直観的にだけ扱い説明が全く不十分であった軌道面（一般にはオービフォールド（軌道体））についても数学的にきちんと説明されています．この本の6章までの内容に興味を持ち，さらに勉強をしたい，という人に薦めます．また，いくつか，Eulerの多面体定理や有界閉曲面の分類定理などの幾何学的な話題にもふれましたが，これらについては，次の本に書かれています．

[4] 田村一郎著，トポロジー，岩波書店，1977

もう少し近づき易い本として

[5] 阿原一志著，計算で身につくトポロジー，共立出版，2013

さらに図形の対称性にも触れている

[6] 難波誠著，幾何学12章，日本評論社，2000

があります．

第6章からは線型代数学の初歩を使っています．線型代数学の

参考書，教科書はたくさんあり，レベルもさまざまですが，ここでは次の3冊を挙げておきます．

[7] 佐武一郎著，線型代数学，裳華房，1958（1974年に「行列と行列式」から改題）

[8] 齋藤正彦著，線型代数入門，東京大学出版会，1966

[9] 高橋礼司著，線型代数講義，日本評論社，2014

　[7]と[8]は何回も版を重ね，多くの大学で線型代数学の講義のテキストとして使われてきた名著です．[9]は最近発行されたものですが，群論の視点を重視しており，[1]と合わせ，群論の入門書としても読むことができます．さらに非負行列論についても触れられています．

　第7章で紹介したように，非負行列論と有限Coxeter群の分類をより細かくした既約基本ルート系の分類へのその応用が，次の本の第6章に述べられています．興味を持たれた方には一読をお薦めします．

[10] 岩堀長慶著，線型不等式とその応用，岩波書店，1977

　また第6章の最後に記した$O(3)$の有限群の分類の代数的方法によるものが，次の[11]で丁寧に取り扱われています．

[11] 岩堀長慶著，合同変換群の話，現代数学社，2000

　群論についても様々のレベルの本が出版され，すでに参考文献としてあげた[1]，[2]，[9]なども群論に親しむにはよい本です

が，日本語の文献の中では，有限単純群の分類で大きな貢献をされた次のお二方の文献を挙げないわけにはいきません．

[12] 原田耕一郎著，群の発見，岩波書店，2001
[13] 鈴木通夫著，群論，上，岩波書店，1977；同，下，1978

[12]では，群論の濫觴であるアーベルやガロアの仕事がわかり易く解説されています．この本で解説することができなかったガロア理論の入門としても読むことができます．

[13]は大部で，通読することは大変ですが，著者の群論への情熱に触れることができます．

英語にまで文献を広げると大変なことになるので，最後に，欠けているピースを補充しつつ様々な雑誌に発表された有限単純群分類の証明を一望できる地図を作ろうというプロジェクトを始め，志の半ばで斃れた D. Gorenstein の著書を紹介して終わりとします．

[G] Daniel Gorenstein, The classification of finite simple groups, vol.1: groups of noncharacteristic 2 type, Plenum Press, 1983.

問 題 略 解

注意:
解答中の#は、それ以下の解答は、この本では説明していないことを使っていることを示しています。"おわりに"で紹介した文献などを参考に研究課題として取り組んでください。

問題2.1

(a) $22\times$ (b) $4*2$ (c) $2*22$ (d) $2*22$ (e) $3*3$ (f) 442

問題2.2

1. (a) $\infty\infty$ (b) $*22\infty$ (c) $*\infty\infty$ (d) $\infty*$ (e) 22∞

2. (a) $\infty*$ (b) $\infty\infty$ (c) $*22\infty$ (d) 22∞ (e) $*\infty\infty$

   (f) $\infty\times$ (g) $2*\infty$

3. （上から順に）$\infty\infty, \infty\times, \infty*, *\infty\infty, 22\infty, *22\infty, 2*\infty$

問題5.1

e と e' を単位元とする。単位元の性質（定義5.1(2)）より $e = e \cdot e' = e'$. よって単位元はただ1つである。また x' と x'' を x の逆元とすると $x' = e \cdot x' = (x'' \cdot x) \cdot x' = x'' \cdot (x \cdot x') = x'' \cdot e = x''$. よって x の逆元はただ1つである。

問題5.2

$(xy)(y^{-1}x^{-1}) = ((xy)y^{-1})x^{-1} = x(yy^{-1})x^{-1} = (xe)x^{-1} = e$.

同様に $(y^{-1}x^{-1})(xy) = e$. よって $y^{-1}x^{-1}$ は xy の逆元である。また $xx^{-1} = x^{-1}x = e$ という式を x^{-1} の立場から見ると $x = (x^{-1})^{-1}$ となる。

問題5.3

(1) $\Rightarrow$ (2)：まず H を G の部分群とすると H の単位元 e_H は G の単位元であり、$h \in H$ の H における逆元は G における h の逆元と一致することに注意する。実際、$h \in H$ に対し

$h \cdot e_H = h$ なので，両辺に h の G における逆元 h^{-1} を左からかけて $e_H = e$ を得る．したがって h' を H における h の逆元とすると $hh' = h'h = e_H = e$ となり $h' = h^{-1}$ である．条件(a)は H で演算が定義できていることから成り立ち，条件(b)は H が群で逆元が G の逆元と一致することから成り立つ．

(2) ⇒ (3)：$x, y \in H$ とすると(b)から $x, y^{-1} \in H$，したがって(a)より $xy^{-1} \in H$ である．

(3) ⇒ (1)：まず $H \neq \phi$ より元 $h \in H$ が存在する．したがって条件(c)より $e = hh^{-1} \in H$．すると任意の $y \in H$ に対し $y^{-1} = ey^{-1} \in H$ であり，したがって $x, y \in H$ であれば $xy = x(y^{-1})^{-1} \in H$ となる．以上より H は G の演算に関して閉じていることがわかった．結合法則は G の部分集合であるから当然成立し，単位元と逆元の存在は上に示したので，H が部分群であることがわかる．

問題 5.4 写像 $f: G \to G, x \mapsto x^{-1}$ を考えると，f は全単射で，すべての $\lambda \in \Lambda$ に対し $f(Hx_\lambda) = x_\lambda^{-1} H$ となる．したがって

$$G = \sqcup_{\lambda \in \Lambda} Hx_\lambda \quad \Leftrightarrow \quad G = \sqcup_{\lambda \in \Lambda} x_\lambda^{-1} H$$

問題 5.5 $m = 0$ または $n = 0$ の場合は明らかなので $m > 0, n > 0$；$m > 0, n < 0$；$m < 0, n > 0$；$m < 0, n < 0$ の4つの場合に分けて考え，数学的帰納法を使って示す．詳細は省略する．

問題 5.6 $\mathcal{M}_n$ の元は n 文字から n 個とる重複順列に，$\mathcal{S}_n$ の元は n 文字から n 個とる順列に，それぞれ対応している．

問題 5.7 G を位数が n の有限群とし，$x \in G$ に対し写像

$f_x : G \to G, y \mapsto xy$ を考える. $f_{x^{-1}}$ が f_x の逆写像なので $f_x \in \mathcal{S}(G)$ である. 写像 $f : G \to \mathcal{S}(G), x \mapsto f_x$ は単射準同型写像で, $\mathcal{S}(G) \cong \mathcal{S}_n$ なので主張が成立する.

問題 5.8 まず $t_i t_{i+1} \cdots t_{n-1} t_n t_{n-1} \cdots t_{i+1} t_i = (ii')$ であることに注意し, これを u_i とおく ($1 \leq i \leq n$, $u_n = t_n$). $t \in \mathcal{T}_n$ に対し $U(t) = \{i \mid \text{ある } j (1 \leq j \leq n) \text{ に対し}, t(j) = i'\}$ とおき, $U(t) = \{i_1, i_2, \ldots, i_k\}, 1 \leq i_1 < i_2 < \cdots < i_k \leq n$ とすると $u_{i_1} u_{i_2} \cdots u_{i_k} t$ は $\{1, 2, \ldots, n\}$ と $\{1', 2', \ldots, n'\}$ をそれぞれ置換するので**命題 5.8** により $u_{i_1} \cdots u_{i_k} t \in <t_1, t_2, \ldots, t_{n-1}>$ である. $u_{i_j} \in <t_1, t_2, \ldots, t_n> = <T_n>$ なので $t \in <T_n>$ となる. よって $\mathcal{T}_n = <T_n>$ である.

問題 5.9 $\overrightarrow{AB} = \vec{a}, \overrightarrow{BC} = \vec{b}, \overrightarrow{CD} = \vec{c}, \overrightarrow{AD} = \vec{d}$ とおく. また正4面体の1辺の長さを1とする. すると次が確かめられる.

$$\vec{a} + \vec{b} + \vec{c} = \vec{d}, (\vec{a}, \vec{a}) = 1, (\vec{a}, \vec{b}) = (\vec{b}, \vec{c}) = -1/2, (\vec{a}, \vec{d}) = 1/2$$

したがって $(\vec{a}, \vec{c}) = (\vec{a}, \vec{d} - \vec{a} - \vec{b}) = \frac{1}{2} - 1 - \frac{-1}{2} = 0$ となる. また $\overrightarrow{EF} = \overrightarrow{EB} + \overrightarrow{BC} + \overrightarrow{CF} = \frac{1}{2}\vec{a} + \vec{b} + \frac{1}{2}\vec{c}$ なので, $(\vec{a}, \overrightarrow{EF}) = 0$, $(\vec{c}, \overrightarrow{EF}) = 0$ となる. また

$$\begin{pmatrix} A & B & C & D \\ B & C & D & A \end{pmatrix} = \begin{pmatrix} A & B & C \\ B & C & A \end{pmatrix} \begin{pmatrix} C & D \\ D & C \end{pmatrix}$$

なので, 回転 $\begin{pmatrix} A & B & C \\ B & C & A \end{pmatrix}$ と鏡映 $\begin{pmatrix} C & D \\ D & C \end{pmatrix}$ の合成により変換 (A→B→C→D→A) が実現される.

問題6.1 f, g を合同変換とすると

$d((f \circ g)(\mathrm{P}), (f \circ g)(\mathrm{Q})) = d(f(g(\mathrm{P})), f(g(\mathrm{Q}))) = d(g(\mathrm{P}), g(\mathrm{Q}))$
$= d(\mathrm{P}, \mathrm{Q})$

となるので $f \circ g$ はまた合同変換である.

問題6.2 **問題6.3** 定義に基づいて確かめればよい. 詳細略.

問題6.4 (2), (3) は明らか. (1) 内積の定義を言い直すと, $\vec{b}$ 方向の単位ベクトルを $\vec{e_1}$, これと直交する単位ベクトルを $\vec{e_2}$ とし, $\vec{a} = \alpha \vec{e_1} + \beta \vec{e_2}$ とするとき, $(\vec{a}, \vec{b}) = \alpha \cdot \|\vec{b}\|$ となる. したがって $\vec{a_1} = \alpha_1 \vec{e_1} + \beta_1 \vec{e_2}, \vec{a_2} = \alpha_2 \vec{e_1} + \beta_2 \vec{e_2}$ とすると, $c_1 \vec{a_1} + c_2 \vec{a_2}$ の $\vec{e_1}$ 方向の成分は $c_1 \alpha_1 + c_2 \alpha_2$ なので (1) の線型性が成立する.

問題6.5

$\|\mathbf{f}(c\vec{a} + d\vec{b}) - c\mathbf{f}(\vec{a}) - d\mathbf{f}(\vec{b})\|^2 = (\mathbf{f}(c\vec{a} + d\vec{b}) - c\mathbf{f}(\vec{a}) - d\mathbf{f}(\vec{b}),$
$\mathbf{f}(c\vec{a} + d\vec{b}) - c\mathbf{f}(\vec{a}) - d\mathbf{f}(\vec{b}))$ なので右辺を展開して9つの項の和とし, $\mathbf{f}$ が内積を保存することを使うと, この値が0になることがわかる. したがって $\mathbf{f}(c\vec{a} + d\vec{b}) = c\mathbf{f}(\vec{a}) + d\mathbf{f}(\vec{b})$ となる.

問題6.6 直交変換 $\mathbf{f}$ の逆写像を $\mathbf{f}'$ とする. $\mathbf{f}\mathbf{f}' = \mathbf{f}'\mathbf{f} = id_{V^2}$ である. $\mathbf{f}$ は全単射なので, 任意の $\vec{a}, \vec{b}$ に対し, $\mathbf{f}(\vec{a'}) = \vec{a}, \mathbf{f}(\vec{b'}) = \vec{b}$ となるベクトル $\vec{a'}, \vec{b'}$ が存在する. すると

$$c\vec{a} + d\vec{b} = c\mathbf{f}(\vec{a'}) + d\mathbf{f}(\vec{b'}) = \mathbf{f}(c\vec{a'} + d\vec{b'})$$

この等式の第1式と第3式に $\mathbf{f}'$ を施し $\mathbf{f}'(\vec{a}) = \vec{a'}, \mathbf{f}'(\vec{b}) = \vec{b'}$ であることに注意すると

$$\mathbf{f}'(c\vec{a} + d\vec{b}) = c\mathbf{f}'(\vec{a}) + d\mathbf{f}(\vec{b})$$

を得る. さらに $\mathbf{f}$ が内積を保存するので

$(\mathbf{f}'(\vec{a}), \mathbf{f}'(\vec{b})) = (\mathbf{ff}'(\vec{a}), \mathbf{ff}'(\vec{b})) = (\vec{a}, \vec{b})$ となるので $\mathbf{f}'$ は直交変換である.

直交変換の合成がまた直交変換であることは容易に示すことができる. また写像の合成が演算なので結合法則が成り立ち, 恒等写像は明らかに直交変換, また上に示したように直交変換の逆写像も直交変換である. したがって, 直交変換の全体は群をなす.

問題6.7 計算を省略し結果だけ示す. $a = \cos\theta$, $b = \sin\theta$ と表すことができる. このとき 1 に対する固有ベクトルとして ${}^t(\cos\frac{\theta}{2}, \sin\frac{\theta}{2})$, -1 に対応する固有ベクトルとして ${}^t(\cos(\frac{\theta}{2} + \frac{\pi}{2}), \sin(\frac{\theta}{2} + \frac{\pi}{2}))$ を取ることができる.

問題6.8 $x \sim y$, $y \sim z \Rightarrow$ ある $g \in G$, $h \in G$ に対し $x = gy$, $y = hz$ $\Rightarrow x = g(hz) = (gh)z \Rightarrow x \sim z$

問題6.9 # $\mathcal{A}_5$ 以外の位数 60 の部分群 N が存在するとする. 同型定理 $\mathcal{A}_5 N / N \cong \mathcal{A}_5 / \mathcal{A}_5 \cap N$ より $\mathcal{A}_5 \cap N$ は位数が 30 の群となり, したがって $\mathcal{A}_5$ の正規部分群である. 正規部分群は共役類の和集合となるが, $\mathcal{A}_5$ の共役類は全部で 5 つで, それぞれの元の数は, 1, 12, 12, 15, 20 なので, どのような組み合わせでも 30 とすることはできない. したがって位数が 60 の $\mathcal{S}_5$ の部分群は $\mathcal{A}_5$ だけである.

問題6.10 # 帯模様は x 軸の周りにあって左右にどこまでも伸びており上下の折り返しが同型対称のときは x 軸をその鏡映線とする. 帯模様の対称性は次の 5 種類のいずれかである.

t：平行移動

h：180度回転

r：x軸を鏡映線とする鏡映

v：x軸に垂直な軸を鏡映線とする鏡映

z：平行移動をしてx軸に関して折り返すすべり鏡映

この中で特に平行移動に関して繰り返しの基となっている単位の模様だけの右への平行移動をt_1，この単位の模様の半分だけ右に平行移動してx軸に関して折り返すすべり鏡映をz_1とする．2つの180度回転h_1, h_2が対称性であるときは$h_1h_2=t_1$となるように，また2つの垂直な軸に関する鏡映v_1, v_2が対称性であるときは$v_1v_2=t_1$となるように選ぶ．さらに後者の場合に旋回点が加わるときは，この2つの垂直な鏡映線とx軸との交点の中間点が旋回点であるようにする．したがってこの旋回点の回りの180度回転をhとすると$hv_1h=v_2$となっている．

以上の準備を基にConwayの記号に対して対応する帯模様の同型群Gの生成元と，その構造を表にしてまとめると次のようになる．

ここでC_∞は無限巡回群で$C_\infty \cong \mathbb{Z}$，$D_\infty$は無限2面体群で，位数2の2元$s$, tで生成され，$\mathrm{ord}(st)=\infty$である．D_∞は第7章で説明されるCoxeter群の例となっている．

Conway記号	Gの生成元	Gの構造
$\infty\infty$	t_1	C_∞
22∞	h_1, h_2	D_∞
$\infty *$	t_1, r	$C_\infty \times C_2$
$\infty \times$	z_1	C_∞
$*$**22**∞	v_1, v_2, r	$D_\infty \times C_2$
2$*\infty$	h, v_1	D_∞
$*\infty\infty$	v_1, v_2	D_∞

帯模様の同型群

問題7.1

(1) $\mathbb{B}_{M_1} = \begin{pmatrix} 1 & -\cos\frac{\pi}{m} \\ -\cos\frac{\pi}{m} & 1 \end{pmatrix}$,

$$\mathbb{B}_{M_3} = \begin{pmatrix} 1 & -\frac{1}{2} & & & & 0 \\ -\frac{1}{2} & 1 & -\frac{1}{2} & & & \\ & \cdots & \cdots & \cdots & & \\ & & \cdots & \cdots & & \\ & & & -\frac{1}{2} & 1 & -\frac{1}{2} \\ 0 & & & & -\frac{1}{2} & 1 \end{pmatrix}$$

(2)# 複素数で考える. $z = \cos\frac{\pi}{5} + i\sin\frac{\pi}{5}$ とすると de Moivre の公式から $z^5 = -1$ となる. $z^5 + 1 = (z+1)(z^4 - z^3 + z^2 - z + 1)$ であるが $z \neq -1$ なので $z^4 - z^3 + z^2 - z + 1 = 0$ である. z^2 で割り $t = z + \frac{1}{z}$ とおくと, $t^2 - t - 1 = 0$ となる.

したがって $t = (1 \pm \sqrt{5})/2$ であるが, $t = z + \frac{1}{z} = 2\cos\frac{\pi}{5} > 0$ なので $\cos\frac{\pi}{5} = \frac{1+\sqrt{5}}{4}$ である.

問題7.2 (1) $\sigma_s(e_s) = e_s - 2B_M(e_s, e_s)e_s = -e_s$, $\sigma_{s'}(e_s) = e_s - 2B_M(e_s, e_{s'})e_{s'}$ で, $\{e_s\}$ は基底なので $\sigma_s(e_s) \neq \sigma_{s'}(e_s)$, したがって $\sigma_s \neq \sigma_{s'}$ である.

(2) $\sigma_s(e_s)=-e_s$なので$\sigma_s\neq id_E$. また，すべての$x\in E$に対し
$$\sigma_s^2(x)=\sigma_s(x-2B_M(x,e_s)e_s)=\sigma_s(x)-2B_M(x,e_s)\sigma_s(e_s)$$
$$=x-2B_M(x,e_s)e_s+2B_M(x,e_s)e_s=x.\ \text{よって}\sigma_s^2=id_E.$$

(3) $B_M(\sigma_s(x),\sigma_s(y))=B_M(x-2B_M(x,e_s)e_s,y-2B_M(y,e_s)e_s)$
$$=B_M(x,y)-2B_M(x,e_s)B_M(e_s,y)-2B_M(y,e_s)B_M(x,e_s)$$
$$+4B_M(x,e_s)B_M(y,e_s)=B_M(x,y)$$

(4)# $H=\mathbb{R}e_s+\mathbb{R}e_{s'}$とおく．

$m(s,s')<\infty$のとき：$H^\perp=\{x\in E\mid B_M(x,y)=0,\ \forall y\in H\}$とすると$E=H\oplus H^\perp$となる．$\sigma_s\sigma_{s'}(H)\subset H,\ \sigma_s\sigma_{s'}(H^\perp)\subset H^\perp$で，$\sigma_s\sigma_{s'}|_{H^\perp}=id_{H^\perp}$なので，$\sigma_s\sigma_{s'}|_H$の位数が$\sigma_s\sigma_{s'}$の位数となる．

$c=\cos\frac{\pi}{m(s,s')}$とおくと，$\sigma_s|_H,\ \sigma_{s'}|_H$の$H$の基底$(e_s,e_{s'})$に関する表現行列はそれぞれ

$$\begin{pmatrix} -1 & 2c \\ 0 & 1 \end{pmatrix},\ \begin{pmatrix} 1 & 0 \\ 2c & -1 \end{pmatrix}$$

なので$\sigma_s\sigma_{s'}|_H$の表現行列は$\begin{pmatrix} -1+4c^2 & -2c \\ 2c & -1 \end{pmatrix}$となる．この行列を対角化すると$\begin{pmatrix} e^{2\theta i} & 0 \\ 0 & e^{-2\theta i} \end{pmatrix}$となる．ただし$\theta=\frac{\pi}{m(s,s')}$である．したがって$\mathrm{ord}(\sigma_s\sigma_{s'})=m(s,s')$.

$m(s,s')=\infty$のとき：この場合も$\sigma_s\sigma_{s'}(H)\subset H$である．$\sigma_s\sigma_{s'}|_H$の$(e_s,e_{s'})$に関する表現行列は$\begin{pmatrix} 3 & -2 \\ 2 & -1 \end{pmatrix}$となる．この行列のJordan標準形は$\begin{pmatrix} 1 & 1 \\ 0 & 1 \end{pmatrix}$なので$\mathrm{ord}(\sigma_s\sigma_{s'}|_H)=\infty$.

したがって ord $(\sigma_s \sigma_{s'}) = \infty$ である.

問題7.3 ♯ $2A_l$ の固有多項式を $f_l = f_l(t)$ とおく. t は不定元. 次の漸化式が成り立つことがわかる：

$$f_l - tf_{l-1} + f_{l-2} = 0 \ (l \geq 3), f_1 = t, f_2 = t^2 - 1$$

$t=2$ のときは $f_l(2) = l+1$, $t=-2$ のときは $f_l(-2) = (-1)^l(l+1)$ と解くことができ，したがって $t=\pm 2$ は $2A_l$ の固有値ではない．

$t \neq \pm 2$ のときは，漸化式の一般論から $\lambda = (t+\sqrt{t^2-4})/2$, $\bar{\lambda} = (t-\sqrt{t^2-4})/2$ とおくと $f_l = a\lambda^l + b\bar{\lambda}^l$ と表すことができる．$\lambda + \bar{\lambda} = t$, $\lambda\bar{\lambda} = 1$ である．初期条件から $a = \lambda/\sqrt{t^2-4}$, $b = -\bar{\lambda}/\sqrt{t^2-4}$ と求めることができる．したがって

$$f_l(t) = \frac{1}{\sqrt{t^2-4}}(\lambda^{l+1} - \bar{\lambda}^{l+1})$$

よって $f_l(t) = 0 \Rightarrow \lambda^{2(l+1)} = 1 \Rightarrow \exists k \in \mathbb{Z} : \lambda = e^{k\pi i/(l+1)} \Rightarrow t = \lambda + \bar{\lambda} = 2\cos\frac{k\pi}{l+1}$. $t = \pm 2$ は $f_l(t) = 0$ の解ではないので，$2A_l$ の固有値は $2\cos\frac{k\pi}{l+1} (k=1, 2, \cdots, l)$. したがって A_l の固有値は $\cos\frac{k\pi}{l+1} (k=1, 2, \cdots, l)$ である．

謝　　辞

●写真
本書の作成に当たり，以下のように写真の提供または掲載許可をいただきました．感謝いたします．(敬称略)

【巻頭カラー】
藤本浩司：〈(i)ページ，中段左〉仙人草，〈(vi)ページ〉伏見稲荷神社
奥田正子：〈(i)ページ〉梅の花，〈(vi)ページ〉厳島神社の本殿
琉球大学博物館（風樹館）：〈(ii)ページ〉リュウキュウハグロトンボ
　　　　　　　　　　　　　〈(v)ページ〉伝統工芸マーイ
島根県立古代出雲歴史博物館：〈(iv)ページ〉加茂岩倉銅鐸
出雲かんべの里　和紙てまり工房：〈(v)ページ〉手毬
筱田智子：〈(vii)ページ，左下〉観覧車，〈同ページ，右下〉繰り返し模様
Stefan Seitz：〈(viii)ページ〉彫刻作品"Louis"

【本文】
琉球大学博物館（風樹館）：〈7ページ 写真1.1(右)〉リュウキュウハグロトンボ
出雲かんべの里　和紙てまり工房：〈9ページ 写真1.5(右), 47ページ 写真3.1(下)〉手毬
南祐介：〈47ページ 写真3.1(中)〉サッカーボール

その他の写真は著者撮影

●模様
娘の智子には繰り返し模様，正多面体上の模様の制作で助力をしてもらいました．

筱田智子：デザイン
〈18ページ　図2.5(左)，19ページ　図2.6(ア)〜(ウ)，
20ページ　図2.7(左)，同ページ　図2.8(ア)，
21ページ　図2.8(イ)，同ページ　図2.9(左)，

22ページ　図2.10(ア)〜(ウ)，23ページ　図2.11(ア), (イ),
24ページ　図2.13(ア), (イ),
25ページ　図2.13(ウ), 同ページ　図2.14(左),
36ページ　図2.18(左), 37ページ　問題2.2の3〉

――――：**正多面体上のデザイン**
〈45ページ〜47ページ　図3.1(ア)〜(キ) (左)〉

索 引

■ 記号

∗	16
×	23
$O_G(x)$	122
C_n	17
$\mathrm{ord}(x)$	78
ch	52
D_n	17
$\det$	115
o	25
$\mathrm{sgn}(\sigma)$	87
$Stab_G(x)$	122
$Sym(X)$	82

■ あ行

アーベル群 …………………… 72
位数（群の）………………… 74
── （元の）………………… 78
Eulerの多面体定理 ………… 52
Eulerの標数 ………………… 52
帯模様 ………………………… 35

■ か行

可解群 ………………………… 155
可換 …………………………… 84
完全代表系 …………………… 76
幾何表現 ……………………… 144
基底 …………………………… 113
軌道 …………………………… 122
軌道面 ………………………… 17, 18
基本領域 ……………………… 17
既約 …………………………… 146
鏡映対称 ……………………… 11
曲面の位相幾何の基本定理 …… 67
群 ……………………………… 72
元 ……………………………… 70
交代群 ………………………… 87
恒等対称 ……………………… 11
恒等変換 ……………………… 80
合同変換 ……………………… 89, 98
── 群（平面の）………… 108
互換 …………………………… 84
Coxeter
── 行列 …………………… 138
── グラフ ………………… 145
── 群 ……………………… 134
── 系 ……………………… 134
cost …………………………… 39
固定化群 ……………………… 122
Conway
── の記号 ………………… 15
── の記号の値 …………… 38
── の魔法の定理, 球面版 … 40, 130
── の魔法の定理, 平面版 … 48

173

■ さ行

- 最短表示 ·········· 135
- 又帽 ·········· 66
- 左右対称 ·········· 7
- 散在型単純群 ·········· 155, 156
- 指数（部分群の）·········· 76
- 写像 ·········· 70
- 集合 ·········· 70
- Chevalley群 ·········· 154
- 巡回群 ·········· 16
- 準同型写像 ·········· 74
- 剰余群 ·········· 152
- 剰余類（左）·········· 77
- ── （右）·········· 75
- すべり鏡映 ·········· 14
- 正規部分群 ·········· 152
- 正則行列 ·········· 116
- 正定値（対称双線型形式が）·········· 146
- 旋回点 ·········· 16
- 全射 ·········· 71
- 全単射 ·········· 71
- 組成因子 ·········· 153
- 組成剰余群列 ·········· 153
- 組成列 ·········· 153

■ た行

- 対称群 ·········· 82, 83
- 単射 ·········· 71
- 単純群 ·········· 152
- 置換 ·········· 83
- 直交変換 ·········· 106, 114
- 転倒数（置換の）·········· 86
- 同型 ·········· 74
- 同型写像 ·········· 74
- 同型変換 ·········· 89

■ な行

- 内積 ·········· 102
- 長さ（Coxeter群の元の）·········· 135
- 二面体群 ·········· 17

■ は行

- 符号（置換の）·········· 87
- 部分群 ·········· 74
- プラトンの正多面体 ·········· 55
- 分類定理（有限単純群の）·········· 156
- ベクトル ·········· 99

■ ま行

- 万華鏡点 ·········· 16

■ や行

- 有限群 ·········· 74

■ ら行

- Lagrangeの定理 ·········· 77
- Lie型の単純群 ·········· 155

〈著者について〉

篠田 健一（しのだ けんいち）

1947年 福島県生　東京都文京区の小学校，中学校，高等学校卒業
1970年 東京大学理学部数学科卒業
1972年 同大学院数学専攻修士課程修了
1973年から2013年まで上智大学理工学部で教鞭をとる．
　この間，フランスの高等科学研究所（IHES），イギリスのニュートン研究所などの客員研究員，チリ大学，フィリピン大学，アテネオ・デ・マニラ大学などの客員教授を務める．専門は代数学，特に有限代数群の表現論．理学博士，日本数学会会員，上智大学名誉教授．
2013年 夏よりバッハ研究会合唱団員．

数学への招待シリーズ

対称性と数学
～繰り返し模様に潜む幾何と代数～

2016年6月5日 初版 第1刷発行

著 者 筱田 健一
発行者 片岡 巌
発行所 株式会社技術評論社
　　　 東京都新宿区市谷左内町21-13
　　　 電話　03-3513-6150　販売促進部
　　　 　　　03-3267-2270　書籍編集部
印刷・製本　昭和情報プロセス株式会社

定価はカバーに表示してあります。

本書の一部、または全部を著作権法の定める範囲を超え、無断で複写、複製、転載、テープ化、ファイルに落とすことを禁じます。

©2016 筱田 健一

造本には細心の注意を払っておりますが、万が一、乱丁（ページの乱れ）や落丁（ページの抜け）がございましたら、小社販売促進部までお送りください。送料小社負担にてお取り替えいたします。

●装丁、巻頭カラー
　中村友和（ROVARIS）

●本文デザイン、DTP
　株式会社ニュートーン

ISBN978-4-7741-8082-3　C3041
Printed in Japan